AF570586

DAS SENSE-HANDBUCH

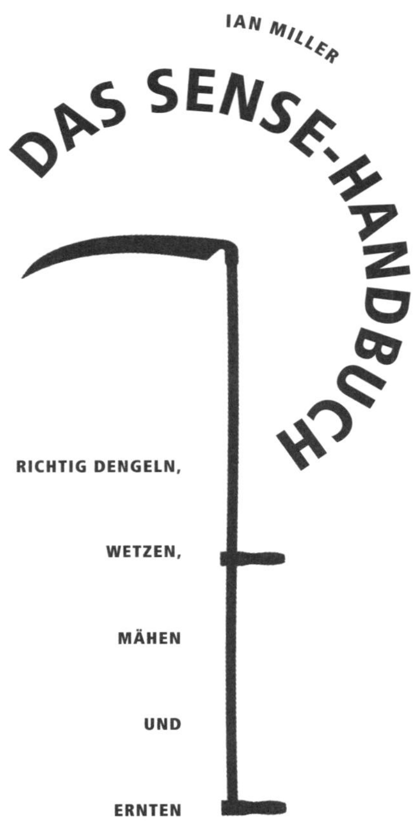

IAN MILLER

DAS SENSE-HANDBUCH

RICHTIG DENGELN,

WETZEN,

MÄHEN

UND

ERNTEN

Haupt Verlag

Für meine Töchter Iantha und Vivien

Die englische Originalausgabe erschien 2016 bei Filbert Press Ltd. unter dem Titel *The Scything Handbook*.

Producing der deutschsprachigen Ausgabe: bookwise Medienproduktion GmbH, München
Übersetzung aus dem Englischen: Angela Letmathe

Bibliografische Information der Deutschen Nationalbibliothek
Die Deutsche Nationalbibliothek verzeichnet diese Publikation in der Deutschen Nationalbibliografie; detaillierte bibliografische Daten sind im Internet über http://dnb.dnb.de abrufbar.

ISBN: 978-3-258-07997-4

Printed in China

www.haupt.ch

Inhalt gedruckt auf FSC-Mix-zertifiziertem Papier.
Die durch den Transport verursachten CO_2-Emissionen wurden durch den Kauf eines CO_2-Zertifikats kompensiert.

Anmerkung: Die Informationen in diesem Buch wurden mit Umsicht und Sorgfalt zusammengetragen, um Richtigkeit und Vollständigkeit zu gewährleisten. Da jedoch Fähigkeiten und Wissen individuell variieren und ein Buch wie dieses nicht den Rat eines Fachmannes ersetzen kann, sind weder der Autor noch der Verlag für mögliche Verluste oder Schäden, die aufgrund fehlerhafter Umsetzung der in diesem Buch gelieferten Informationen auftreten, haftbar zu machen.

«Je länger Lewin mähte, umso häufiger wurden die Momente der Selbstvergessenheit, in welcher die Hände schon nicht mehr die Sense schwangen, sondern diese selbst die Hand bewegte, als sei sie ein Ding mit Bewusstsein, ein lebensvoller Körper, und wie durch Zauberei, ohne sein eigenes Zutun, wurde die Arbeit durch sich selbst recht und sorgsam. Dies waren für ihn die schönsten Augenblicke.»

LEO TOLSTOI, AUS «ANNA KARENINA»

Inhalt

Vorwort

Vor einigen Jahren las ich in einer Zeitschrift über ökologisch nachhaltige Lebensführung einen Artikel über das Mähen mit der Sense. Schon immer hatte mich die Arbeit mit den langen Schneiden an den geschwungenen Griffen fasziniert. Ich hatte das Sensen schon einmal erfolglos ausprobiert – vermutlich fehlte mir die richtige Technik. Der Autor des Artikels beschrieb die europäische Sense, die völlig anders zu sein schien als die, die ich ausprobiert hatte: leichter, schärfer, besser zu handhaben.

Ich gebe nur höchst ungern Geld für Dinge aus, die ich nie gesehen und ausprobiert habe, und die Kosten für die Sense waren nicht unerheblich, deshalb rief ich den Autor des Artikels an, der auch einen Online-Handel betrieb. Ich war skeptisch, denn ich erwartete irgendeine Verkaufsmasche. Aber Elliot Fishbein war kein ausgeprägter Geschäftsmann, sondern ein solider Handwerker mit inniger Liebe zu neuem und altem Werkzeug der etwas anderen Art. Er betrieb den Handel ausschließlich, um die Freude am Handwerk zu vermitteln und zu teilen.

Er stellte mir ebenso viele Fragen wie ich ihm. Am Ende des Gesprächs verkaufte er mir eine 45 cm lange Grabensense, die ihm für meine Bedürfnisse geeignet erschien. Ich hatte nur etwas Gras zu mähen und jede Menge Brombeeren (bei uns in Oregon sind Brombeeren für jeden Gärtner eine Plage, der man normalerweise mit Gift zu Leibe rückt, aber die Sense erwies sich als überaus wirksame Waffe im Kampf gegen dieses robuste Kraut).

Die Sense kam und trotz meines absoluten Defizits an Kenntnis und Erfahrung wurde die Arbeit ein voller Erfolg. Ich war total begeistert, völlig überzeugt – und absolut glücklich! Voller Elan mähte ich meine Grasflächen und entfernte haufenweise Brombeeren ohne jedes Blutvergießen durch die Stacheln! Nach einigen Stunden Praxis war ich ganz erpicht darauf, die lärmende, umweltschädigende Motorsense meines Nachbarn mit dem sanften, monotonen Flüstern meiner Sense herauszufordern. Eifrig las ich «Das Sensenbuch» von David Tresemer, das Elliot mir empfohlen hatte (zu der Zeit war es ohnehin das einzige Buch zu diesem Thema, das zu kriegen war). Schärfen und Dengeln (in diesem Buch von Ian endlich entmystifiziert!) waren Herausforderungen, denen ich mich mit Hingabe widmete. Elliot stand mir weiterhin mit Informationen zur Seite. Im Gegenzug schenkte ich ihm ein kleines, von mir verfasstes Buch zum Thema: Wie stellt man einen holzbefeuerten Erdofen her? (Dabei geht es ja um Brot und Backen, demzufolge auch um Getreide.)

Ein oder zwei Jahre später schrieb mir Elliots Frau, dass ihr Mann bei einem tragischen Autounfall ums Leben gekommen war, aber auch Carol, die den Handel von ihrem Haus in Maine aus fortsetzte, blieb ich freundschaftlich verbunden. Die Sense ist mein bevorzugtes Gartengerät geblieben, allerdings verfügte ich niemals über ausreichend Land für Viehzucht auf großen Weiden, sodass ich leider bisher keine Gelegenheit hatte, das Heumachen, wie Ian es in seinem Buch beschreibt, auszuprobieren. Wer weiß, vielleicht eines Tages … Bis es soweit ist, muss bei mir jeder Gartenbesucher eine Einführung in den Umgang mit der Sense über sich ergehen lassen.

Die Arbeit mit diesem wunderbaren Werkzeug geht laut Ian aber weit über das einfache «Mähen von Gras» hinaus. Sie kann tatsächlich Ihr Verständnis für die Natur, die Erde und somit auch für Ihr Leben vollständig verändern. Durch die mit Technologie einhergehende Veränderung der Wahrnehmung bei der täglichen Arbeit verändert sich auch unser Bewusstsein im Umgang mit der Welt, in der wir leben. Die körperliche Arbeit mit der Sense führt dieses Bewusstsein weg von lärmenden Maschinen, zurück zum eigenen Körper. Man fühlt wieder die Sonne und den Regen, spürt die Beschaffenheit von Gras und Boden, ebenso wie das Zusammenspiel von Sense und Muskeln. Mit dem Werkzeug (und entsprechenden Techniken) wird das Gras in Schwaden arrangiert, das Gefühl des «Einbringens der Ernte» wird sehr intensiv. Es geht nicht mehr um willkürlich zusammengetragenen «Abfall», der «entsorgt» werden muss, sondern man entwickelt das Gefühl für ein wertvolles Nahrungsmittel: für die Kühe, die Kaninchen oder Hühner oder auch nur für unzählige kleine Organismen in einem Komposthaufen.

Mähen mit einer Sense ist weit mehr als einfaches Kürzen von Gras. Man spürt und versteht den Wert der Arbeit, zum einen als Einnahmequelle, zum anderen als befriedigende, Freude, Kraft und Kompetenz spendende Tätigkeit. Wenn Sie Gleichgesinnte finden, die diese Werte ebenso schätzen wie Sie, dann wird Ihre Gemeinschaft ebenso gut (und ebenso schön) gedeihen wie Ihr Garten.

Wie Ian sehe auch ich vor meinem geistigen Auge sensenschwingende Körper enthusiastischer, starker Mäher, die begeistert auf die lauten und extrem teuren Mähmaschinen verzichten, auf denen sie stundenlang einsam saßen, um die Rabatten an den Straßenrändern zu mähen und das wunderbare Gras in Haufen aus Häckselmasse und Staub zu verwandeln. Ich sehe eine neue Landschaftsgestaltung, die Rasen als Weideland versteht und «das Mähen von Gras» als Teil der Fütterng der Kühe, die uns mit Milch und Käse versorgen. Ich sehe auch Hausbesitzer, die gemähtes Gras eintauschen gegen Milch und Fleisch. Ich sehe eine Gemeinschaft von Mähern, die die Heuernte feiert und ihre Schwaden als Labyrinthe auf die Felder stellt. Keine dieser Visionen stellt einen Rückgang des Fortschritts dar – im Gegenteil, sie bieten eine Alternative, die eher auf komplexen, realen Werten beruht denn auf mathematischer Vereinfachung aus wirtschaftlichen Aspekten.

Wenn Sie nach dem Lesen dieses Buches beschließen, die Arbeit mit der Sense auszuprobieren, suchen Sie sich jemanden, der Erfahrung hat und Ihre Bemühungen versteht und teilt.

Kiko Denzer

Einleitung: Meine Geschichte

«Zu den Dingen, die wir hassen, gehören Gegenstände, die irgendwie ungewöhnlich und merkwürdig sind. Derartige Dinge beunruhigen uns. Sie sind in gewisser Weise *anders*, deshalb brauchen wir einige Zeit, um zu verstehen, dass wir sie eigentlich lieben.» MALCOLM GLADWELL, *BLINK*

Vermutlich gibt es viele Leute, die amüsiert mit den Augen rollen, wenn sie bei der Suche nach Titeln zum Thema Landwirtschaft oder Gartenbau über mein Buch stolpern. Ich gebe zu, dieses Buch mag zunächst wirken wie die Verherrlichung alter und die Verdammung neuer Technologien. Dennoch ist mein Ziel ein anderes. Ich möchte Hausbesitzern, Gärtnern und Landwirten eine vernünftige und realisierbare Möglichkeit aufzeigen, Geld und fossile Brennstoffe zu sparen, Land umsichtig zu pflegen und unabhängiger von industriellen Produkten zu sein. Ich zeige Methoden, die Autonomie fördern, die körperliche Gesundheit verbessern und den Einsatz lauter, umweltschädigender Maschinen reduzieren.

Lassen Sie mich erzählen, wie die Sense in mein Leben kam und warum ihr Gebrauch auch Ihr Leben verbessern wird. Mein erster Kontakt zur Sense war ein sehr indirekter. Ende der 1990er-Jahre zog ich von Iowa nach San Francisco. Ich war damals 20 Jahre alt und wollte als Musiker Karriere machen. Jung und zum ersten Mal auf mich selbst gestellt, wollte ich der Welt beweisen, dass ich mein Leben im Griff hatte. Mittel zum Zweck sollten Tattoos sein. Ich ließ mir zwei stechen, eines gefiel mir, das andere weniger. Mir kam die Idee für das perfekte Tattoo: Irgendwo hatte ich einmal einen Holzschnittdruck gesehen, der Bauern auf dem Feld mit alten landwirtschaftlichen Geräten darstellte. Ich hatte nur noch eine vage Vorstellung und begann, in den Kunstbüchern der örtlichen Bibliothek nach einer Vorlage zu suchen. Über ein Jahr verbrachte ich meine Wochenenden auf meiner erfolglosen Suche, dann gab ich auf.

Zu dieser Zeit hatte ich bereits verschiedene Pleiten mit der Gründung von Bands erlebt und viel Zeit mit unnützem Kram vertrödelt. Ich begrub den Plan, die Musik zum Beruf zu machen, und verliebte mich in den Gedanken, Ökobauer zu werden. Obwohl ich in Iowa, der Kornkammer der USA, aufgewachsen bin, hatte ich weder Erfahrung noch irgendwelche Kenntnisse bezüglich Landwirtschaft und Gartenbau. Ich suchte nach entsprechenden Büchern, gab eines Tages im Computer der Bibliothek «landwirtschaftliche Technologien» ein und fand das Buch «Dream Reaper» von Craig Canine. Ich entdeckte es im Regal und starrte verdutzt auf den Einband, denn da sah ich einen Holzschnitt, der einen Mann bei der Heuernte mit einer Sense zeigte. Das war genau das Bild, das ich jahrelang gesucht hatte! Wenige Tage später zierte es meinen Arm! Das war Ende 2001. Mein Weg zum Ökobauern führte mich zurück ans College, wo ich Agrarökologie studierte. Im Zuge dieser Ausbildung absolvierte ich 2005 ein sechsmonatiges Praktikum auf einem Biohof in Österreich. Ich sah dort eine Sense im Schuppen hängen und spürte sofort:

In Bergregionen war die Sense niemals verschwunden. Heute entdecken auch Tausende von Stadtbewohnern und Permakulturisten die Effizienz und den Nutzen dieses bemerkenswerten Werkzeugs für sich.

Ich muss wissen, wie man mit diesem Ding umgeht! Ich probierte die Sense an verschiedenem Wildkraut aus, hatte aber keine Ahnung, was ich da tat. Ich wusste, wie man einen Baseball- oder Golfschläger schwingt, was nicht wirklich hilfreich war. Es war äußerst anstrengend und es gelang mir nicht, wesentlich mehr als drei Halme zu schneiden. Ich war mir sicher, dass mehr dahinterstecken musste, aber ich hatte keine Idee, wie ich das Gerät effektiv einsetzen konnte. Auf jeden Fall war klar, dass es in Österreich praktisch keinen Hof gibt, auf dem nicht mit einer Sense gearbeitet wird.

In jenem Sommer arbeitete ein Rumäne auf dem Hof. Obwohl Florin deutlich jünger war als ich, war er mir doch hinsichtlich landwirtschaftlicher Erfahrung um Lichtjahre voraus. Er konnte einfach alles! Jeden Morgen erwachte ich vom Geräusch des Schleifsteins, der über das Sensenblatt glitt, bevor Florin das Gras für eine kleine Schafherde mähte, deren Weide nicht genug Futter hergab. Er schien nahezu mühelos in kürzester Zeit eine beachtliche Menge Gras zu mähen.

Das Praktikum ging schnell vorbei und abgesehen von meinen kläglichen Versuchen, hatte ich keine weitere Gelegenheit, mich an der Sense zu probieren. Nach Abschluss der Ausbildung kehrte ich Anfang 2006 auf den Biohof zurück und entdeckte im Frühjahr 2007 eine Organisation, bei der man den Umgang mit der Sense erlernen konnte. Ich nahm an einem halbtägigen Kurs teil, kaufte eine Sense (die ich heute noch benutze) und bat meine Nachbarn, in ihrem Obstgarten üben zu dürfen. Der Obstgarten war etwa 0,4 ha groß und soweit ich mich erinnere, brauchte ich eine Woche, um alles zu mähen. Die tägliche Ernte verfütterte ich an die Schweine der Nachbarn.

Während meiner Zeit in Österreich verliebte ich mich in das Roggenvollkorn-Sauerteigbrot, welches auf dem Hof jeden Tag gegessen wurde. Ich lernte, es zu backen, und mein Traum vom ökologischen Getreideanbau wuchs. Ich wollte nun das von Hand geerntete Getreide auch weiterverarbeiten und so meinen Lebensunterhalt verdienen. Ein Ausflug in meine alte Heimat Iowa im Spätsommer 2007 bot mir dann tatsächlich die Chance dazu.

Während des als zweiwöchiger Besuch geplanten Aufenthalts in Iowa im August 2007 besuchte ich die gemeinnützige Organisation Seed Savers Exchange, die sich für den Erhalt alter Gemüsesorten einsetzt. Spontan entschied ich, meinen Lebenslauf mitzunehmen, obwohl ich mir keine Chance auf einen Job bei einer derart renommierten Einrichtung ausrechnete. Wider Erwarten zeigte man dort doch Interesse an mir und so nahm ich einen Job bei Seed Savers an und lernte ein Ehepaar kennen, das von meinen Ideen begeistert war und mir erlaubte, auf ihrem Land nach meinen Vorstellungen zu experimentieren. Ich kaufte Kiko Denzers Buch «Build Your Own Earth Oven», baute einen entsprechenden Ofen und begann, Brot zu backen und auf dem Bauernmarkt zu verkaufen. Kurze Zeit später konnte ich ein weiteres Grundstück bewirtschaften und säte Roggen und Dinkel.

Im Juli 2009 wurde es Zeit für die erste Ernte. Seit etwa einem Jahr verkaufte ich meine Produkte auf dem Bauernmarkt. Das machte mich nicht reich, aber ich hatte ein Auskommen. Es war jetzt an der Zeit, den letzten Schritt meines Traums in die Tat umzusetzen.

Mithilfe ortsansässiger Holzarbeiter konstruierte ich eine Korbsense/Reff. Dieses Zubehör ist eine Art Greifer, der das Getreide fasst und ordentlich am Boden ablegt, damit es leicht gebunden werden kann. Meine Konstruktion war ein großer Rechen, wie ich ihn von Fotos aus der Zeit der Depression kannte. So stand ich an einem kühlen Morgen im frischen Tau am Rand meines Roggenfeldes, bereit zur Ernte mit altehrwürdiger, traditioneller Ausrüstung. Um den denkwürdigen Moment festzuhalten, machte ich sogar ein kleines Video, frei nach dem Motto: «Dieser Tag ist der erste vom Rest meines Lebens!» Es war ein großartiges Gefühl und ich dachte darüber nach, wann wohl hier in Winneshiek County, Iowa, zuletzt die Ernte mit einer Sense eingebracht worden war.

Dann der erste Schwung: Die gesamte Konstruktion, Schneide und Korb, blieb einfach in den dicht stehenden Getreidehalmen hängen. «Okay», dachte ich mir, «nimm ein paar Justierungen vor, dann klappt es schon!» Zweiter Versuch: gleiches Resultat. Was auch immer ich versuchte, die Sense ließ sich nicht durch das Getreide führen, ohne sich zu verheddern. Ich änderte den Anstellwinkel, die Platzierung, die Schnittlänge – nichts half. Vor meinen Augen zerplatzte mein Traum wie eine Seifenblase!

Einige Tage später nahm ich Kontakt zu Botan Anderson auf, einem gleichgesinnten, sensenbegeisterten Enthusiasten aus Wisconsin. Er importiert die hochwertigen Sensen aus Österreich, mit denen ich arbeite. Er erwähnte, dass er von einer Doppelhiebmethode gehört hätte, bei der der erste Hieb das Getreide schneidet und der zweite Zug das Gemähte vom Boden aufgreift und links von der Standposition deponiert. Am nächsten Tag versuchte ich es … und es funktionierte! Es brauchte drei Tage und die Hilfe von Freunden, die das Getreide bündelten und für das Trocknen zu Garben aufstellten, doch ich hatte meine Ernte!

Ein großer Garten oder ein kleiner Hof ohne Sense erfordern zwangsläufig motorbetriebene Maschinen wie Motorsensen, Rasenmäher und Traktoren. Ich bin der Ansicht, dass jeder, der erst einmal verstanden hat, wie eine traditionelle Sense funktioniert und welche Freude es macht, mit ihr zu arbeiten, nicht mehr darauf verzichten möchte. Ich habe zwar inzwischen Abstand davon genommen, meinen Lebensunterhalt als Ökobauer zu verdienen, aber ich baue immer noch Getreide für den Eigenbedarf an und mache von Hand Heu.

Durch Glück, meine Neugierde und viel Unterstützung habe ich inzwischen ein umfangreiches Wissen über die Arbeit mit Sensen gesammelt und ich möchte dieses mit möglichst vielen Menschen teilen und Ihnen helfen, das für Sie richtige Werkzeug und die optimale Methode zu finden.

Wenn ich es nicht speziell erwähne, meine ich mit dem Wort «Sense» eine geschmiedete österreichische Sense (sie wird mitunter auch «europäische» oder «kontinentale» Sense genannt). Es gibt Hunderte, wenn nicht Tausende von Formen für Sensenblätter und selbst die österreichischen Spezialschneiden gibt es noch in zahlreichen verschiedenen Ausführungen. Amerikanische und englische Sensen sind kaltgeschlagen, weshalb sie nicht gedengelt werden können. Sie wurden für die Rohrzucker- und Reeternte entwickelt und eignen sich daher nicht zur Heu- oder Getreideernte.

Die Vorgaben zum Gebrauch der Sense sind für Rechtshänder gedacht. Wenn Sie Linkshänder sind, arbeiten Sie bitte mit einer entsprechend konstruierten Sense und verwenden Sie die Angaben gegenläufig.

Ian Miller

KAPITEL 1

DIE ARBEIT MIT DER SENSE VERÄNDERT DAS LEBEN

Stellen Sie sich ein Dorf vor, in dem niemand einen Rasenmäher besitzt. Wenn man am Samstagmorgen durch den Ort geht, hört man das Geräusch eines Schleifsteins auf Metall, ähnlich wie das Schärfen eines Messers, nur dumpfer, leiser. Etwas später am Tag sieht man dann das gemähte Gras, fein auf den Rasenflächen verteilt, und gelegentlich sogar einen Heuhaufen, stolz im Vorgarten aufgehäuft, bevor er an das Vieh verfüttert, als Mulch im Garten auslegt oder auf dem Kompost verarbeitet wird.

Jetzt stellen wir uns eine kleine Siedlung oder mehrere kleine Höfe vor, wo niemand einen Traktor besitzt. Während der warmen Jahreszeit stehen die Bauern sehr früh auf, um das Vieh zu melken und es dann auf die Weiden zu bringen. Aber zuerst, noch bevor der erste Tau verdunstet ist, schnappen sie sich ihre Sensen, dengeln sie und mähen eine Weile Gras, das sie zum Trocknen ausbreiten und den Kühen beim Melken zum Mampfen vorlegen. Abends hängt man das Gras auf Heuhütten oder Schwedenreuter, sodass mögliches Regenwasser ablaufen kann. Nach ein bis zwei Wochen – je nach Wetterlage – wird das Heu auf einen Heuwagen geladen und auf den Heuboden der Scheune gebracht, wo es lagert, bis es im Winter als Futter dient.

Mitte des Sommers ernten die Bauern das Kleingetreide, binden es und stellen es zu Garben auf. Sie arbeiten gemeinschaftlich, dreschen einige Wochen später mit einer pedalbetriebenen Dreschtrommel, die sie zusammen nutzen, und worfeln das Getreide. Das abgeerntete Land wird jetzt von unter die Getreidesaat gemischten Gräsern und Kleesorten begrünt und so wieder zur Weide. Die Nutztiere, überwiegend Schweine, bereiten das Keimbett für das neue Getreide und der Kreis schließt sich.

Sensen und die entsprechenden Techniken haben ihren Ursprung in der Landwirtschaft der Alpen, die auf lokaler Produktion für lokale Bedürfnisse beruht. Die Bodenqualität wird verbessert, die Biomasse erhöht, Erosion verhindert und extrem hochwertige Nahrung produziert. Die Arbeit gibt dem Leben Sinn, ist kreativ, herausfordernd und gesund. In Zeiten des Klimawandels ist die Technologie der Sense überaus zeitgemäß und nützlich für uns alle.

Nun mag man sich fragen, warum nicht mehr Menschen diesen Weg gehen, um Heu und Getreide zu ernten, wenn es doch so einfach und angenehm sein kann. Eine mögliche Erklärung ist die allgegenwärtige Annahme, dass Hightech notwendigerweise immer die beste Lösung ist. Aber macht denn die Existenz von Autos Fahrräder überflüssig? Beides sind Transportmittel und erfüllen unterschiedliche Zwecke. Den Rasenmäher durch eine Sense zu ersetzen, entspricht in etwa der Erfahrung, mit dem Fahrrad zur Arbeit zu fahren statt mit dem Auto: gute Laune, Steigerung von Kondition und Energie sowie Selbstvertrauen.

Verwendung der Sense

Mit einer Sense lassen sich viele Tätigkeiten effizient erledigen, wodurch zahlreiche Gartengeräte, die nur selten in Gebrauch sind, überflüssig werden. Sie können Gras an unzugänglichen Stellen mähen, z. B. an Mauern und Zäunen entlang, an Abhängen oder auf nassem Boden, wo schwere Maschinen keinen Zugang haben. Wenn Sie die Technik erlernt haben, wird die Arbeit mit der Sense für Sie zu einer wunderbaren Erfahrung für Körper und Geist.

RASENMÄHEN Wenn Sie einen Rasen zu mähen haben, kennen Sie v. a. zwei Varianten: einen Benzin- oder Elektromäher oder einen Handrasenmäher. Diese Geräte sind effektiv, aber teuer und laut. Benzinmäher sind ausgesprochen schlecht für die Umwelt, da sie mehr polyzyklische aromatische Kohlenwasserstoffe (PAK) – mögliche Karzinogene – ausstoßen als ein Auto. Darüber hinaus erhöhen sie die Ozonwerte und stoßen Kohlendioxid aus.

Rasenmähen mit der Sense verschmutzt weder die Luft, noch stellt es eine Lärmbelästigung dar. Sie müssen Ihren Rasen länger wachsen lassen, um mit der Sense effektiv arbeiten zu können, aber das bedeutet ja auch, dass weniger häufig gemäht werden muss. Verarbeiten Sie den Rasenschnitt zu Heu für Hühner oder Kaninchen oder verwenden Sie ihn als Mulch oder zur Kompostierung.

WILDBLUMENWIESE MÄHEN Bei Gras- oder Wildblumenanpflanzungen kann man die Sense nutzen, um problematische Pflanzen wie Engelwurz oder wilde Baumtriebe punktuell zu entfernen, ohne größeren Schaden durch Verwendung komplizierten Werkzeugs anzurichten. Wenn das Mähen zum richtigen Zeitpunkt erfolgt, lässt sich das Wachstum erwünschter Pflanzen fördern und unerwünschter stark einschränken.

MULCHEN Fragt man einen Gärtner, warum er nicht mulcht, wird man als Antwort zu hören bekommen, dass er sich nicht auskennt, dass es zu teuer ist oder dass er nicht gewillt ist, Ballen von Heu oder Stroh in seinen Garten zu schleppen. Dabei sieht er gar nicht, dass sein Garten selbst die perfekte und kostenlose Quelle zum Mulchen darstellen könnte, wenn er nur die Kenntnisse und das Werkzeug dafür hätte. Die Vorteile des Mulchens können gar nicht hoch genug bewertet werden. Mulch unterdrückt Wildkraut, liefert Feuchtigkeit, wodurch häufiges Gießen entfällt, deckt den Boden ab und schützt ihn vor Ortstein und Erosion, speziell Regentropfenerosion, wodurch wiederum die Verbreitung bodenbedingter Erkrankungen verhindert werden kann. Der Boden wird quasi versiegelt, dadurch kann z. B. Wurzelgemüse länger im Boden gezogen und letztendlich organisches Material ergänzt werden.

Darüber hinaus erleichtert der Einsatz kostenlosen, selbst produzierten Mulchmaterials die Anbautechniken mit Direktsaat, wie Schichtmulchen oder Lasagnemethode mit Mulch und Kompost, ohne Umgraben für pflegeleichten, optimalen Gartenbau. Umgraben gehört zu den schlechtesten Dingen, die man dem Boden antun kann, da die oberen Erdschichten in tiefer liegende umfunktioniert werden und umgekehrt. Die verschiedenen Erdschichten beherbergen unterschiedliche Lebensformen und durch das Umgraben wird die jeweilige organische Struktur zerstört und die Bildung von Ortstein gefördert. Verzichtet man auf Pflügen und Graben und sät direkt in eine Mulchschicht aus Lagen von direkt auf dem

Boden liegender Zeitung und/oder Karton und Kompost-, Heu- und/oder Strohschichten ein, wird Wildkraut reduziert und die Mikrofauna im Boden übernimmt Belüftung, Lockerung und Düngung des Erdreichs. Es entsteht eine Win-win-Situation, zum einen für den Boden, der bestens versorgt wird, zum anderen für den Gärtner, der weniger Arbeit hat.

KOMPOSTIEREN Unterschiedliche Quellen liefern unterschiedliche Einschätzungen bezüglich des Kohlenstoff-Stickstoff-Verhältnisses von Heu. Das Verhältnis schwankt zwischen 25:1, was als ideales Kompostierungsverhältnis (25–30:1) gilt, bis hin zu 50:1. Generell lässt sich sagen, dass der Stickstoffgehalt umso höher ist, je mehr Klee oder andere stickstoffbindende Pflanzen im Heu enthalten sind. Bei einem vielfältigen Rasen, der vielleicht Schwingelgras und etwas Fingerhirse, Gundermann, Wegerich und ein wenig Weiß-Klee enthält, liegt das Verhältnis eher bei 50:1. Bei Heu von Feldern mit überwiegend Luzerne und/oder Rot-Klee liegt es eher bei 25:1. Wenn Sie Ihr Heu in Schichten mit Speiseresten und Dünger von Ihrem Kleinvieh lagern, werden Sie fantastischen Kompost erhalten. Beachten Sie bitte, dass getrocknetes Heu ein deutlich kohlenstofflastigeres Verhältnis C:N aufweist als frisch geschnittenes Gras, bei dem es etwa 10:1 beträgt.

HEUMACHEN Heu ist bei Gärtnern und Kleinbauern eine eindeutig unterschätzte Ressource. Vielleicht glaubt man, Heumachen hinge von teuren Maschinen und riesigen Feldern ab. Dabei ist die Sense das ursprüngliche Gerät für die Heuernte. Es hält den Grashalm beim Mähen intakt, da die Pflanze von oben beschnitten wird. Derartiger Grasschnitt kann in der Sonne getrocknet und dann zu Garben gebunden werden. Dieses Heu ist für Gärten und für die Kleinviehhaltung überaus nützlich.

VIEH- UND HAUSTIERFÜTTERUNG
Ob Sie nun Hühner, ein Pferd, eine Milchkuh oder eine kleine Herde Ziegen oder Schafe besitzen, stellen Futter und Einstreu für den Winter häufig die größte Herausforderung und einen enormen Kostenfaktor dar. Wenn Sie aber mit der Sense selbst Heu machen, wissen Sie nicht nur ganz genau, wo das Futter für Ihre Tiere herkommt, es ist zudem noch kostenlos. Sie können also Eier und Milch (vielleicht sogar Butter und Käse) für wenig Geld und von höchster Qualität selbst erzeugen.

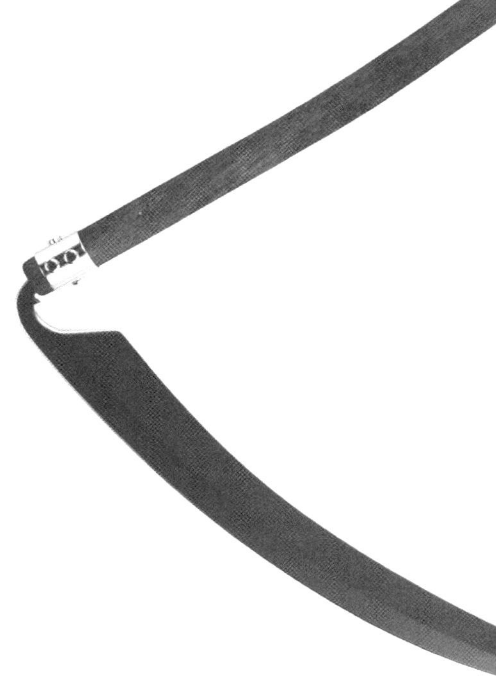

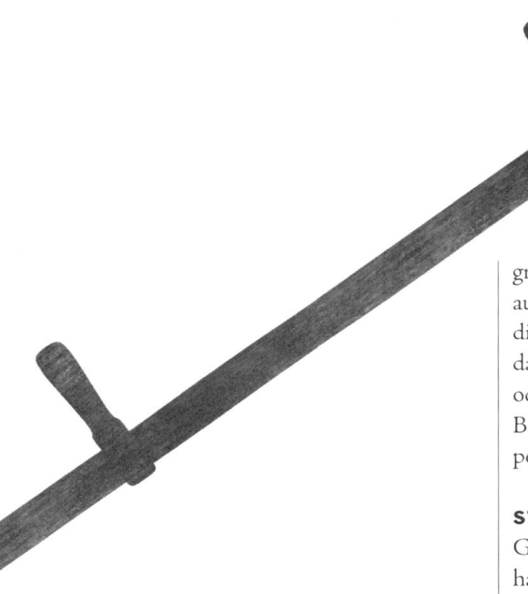

GETREIDE ANBAUEN Getreide im häuslichen Garten oder Schrebergarten erfordert nur einen überschaubaren Ernteaufwand. Wenn Sie für Ihr selbst gebackenes Brot andere Getreidesorten verwenden möchten als Weizen, wie z.B. Emmer, Einkorn, Dinkel oder Khorasan-Weizen – die allesamt zwar weniger ertragreich sind als Weizen, dafür deutlich nahrhafter –, dann ist der Eigenanbau eine kostensparende Alternative. Sie backen gesundes, leckeres Brot, füttern Ihre Hühner mit bestem Futter, kontrollieren das Getreidewachstum (ohne chemische Zusätze, ohne Einsatz fossiler Brennstoffe, unter lokalen Bedingungen herangewachsen) und gleichzeitig haben Sie wunderbare Alternativen für die Fruchtfolge.

Um eine nennenswerte Ernte im häuslichen Garten zu erzielen, müssen Sie den Ertrag pro Quadratmeter maximieren. Die bestmöglichen Ernten – bis zu 23 kg auf 18,5 m^2, die etwa 1 ½ Brote (700 g) pro Woche liefern – werden durch biointensiven Anbau erzielt, bei dem das Korn mit sehr viel Kompost in umgegrabene Saatbetten gesät wird. Wenn Sie ausreichend Platz zur Verfügung haben und die Ernte pro Quadratmeter geringer sein darf, dann können Sie den Boden von Hühnern oder Schweinen bearbeiten und düngen lassen. Bei kleinerer Feldgröße stellt das Getreide eine perfekte Untersaat für eine Heufläche dar.

STROH HERSTELLEN Wenn Sie selbst Getreide anbauen und mit der Sense ernten, haben Sie auch Stroh zur Verfügung. Stroh ist ein unglaublich nützliches Produkt für Gärten und Höfe. Es ist eine wunderbare «braune» Zutat für den Kompost, perfekte Einstreu für das Vieh und exzellentes, wildkrautfreies Mulchmaterial.

GÄRTNERN Ob sich Ihr Garten nun direkt am Haus befindet, in einer Schrebergartenanlage oder einer sonstigen Gartengemeinschaft, mit einer Sense können Sie sehr viele Arbeiten schnell, leicht und leise ausführen. Sie können Gründünger mähen, Wildbereiche roden, Wege säubern und Randbegrenzungen an Zäunen, Toren oder Wänden mähen.

Wenn Sie all diese Möglichkeiten, die eine Sense bietet, durchdenken, werden Sie feststellen, dass sie ein nahezu unverzichtbares Werkzeug für Haus und Garten sein kann. Mit einer Sense können Sie viel für die Qualität von Land, Garten und Wiesen tun und das in einer Geschwindigkeit, die man einem Handwerkzeug gar nicht zutraut.

KAPITEL 2 UMGANG MIT DER SENSE

Die Bewegungen und Techniken beim Mähen mit der Sense sind im Prinzip sehr einfach, dennoch ist es nicht zwangsläufig leicht, sie perfekt auszuführen. Auch wenn ich hoffe, dass dieses Kapitel Sie dazu in die Lage versetzt, mit der Sense zu arbeiten, geht doch nichts über einen erfahrenen Praktiker, dem man zusehen und den man befragen kann. Falls Ihnen jemand begegnet, der etwas von der Sache versteht, dann packen Sie die Gelegenheit beim Schopf!

Je nach Hersteller gibt es feine Unterschiede bei den Sensen, aber im Prinzip besteht jede österreichische oder europäische Sense ❶ aus folgenden Komponenten: Sensenblatt, Sensenring, der das Sensenblatt am Sensenbaum hält, welcher wiederum das Sensenblatt «im geeigneten Wind» hält und durch das Gras bewegt; dann die Griffe, die sich abnehmen und/oder justieren lassen oder nicht.

Das Sensenblatt ❷ besteht aus verschiedenen Bereichen, die alle eigene Namen haben und für das Mähen von unterschiedlicher Bedeutung sind. Die Schneide ist einseitig abgeschrägt und – wie man sich denken kann – der Teil, der das Gras mäht. Der Rücken gibt dem Sensenblatt Festigkeit und führt als Verlängerung der mähenden Person das Sensenblatt halbkreisförmig durch das Gras; die Spitze des Sensenblatts bildet beim Mähen einen vom Boden aufwärts gerichteten Winkel; der Bart ist dort, wo die Schneide den kleinsten Abstand zum Sensenbaum hat; und die Hamme, mit Ende, Hals und Warze, ist der Teil des Sensenblatts, der den Sensenbaum und den Sensenring verbindet und den Anstellwinkel bildet.

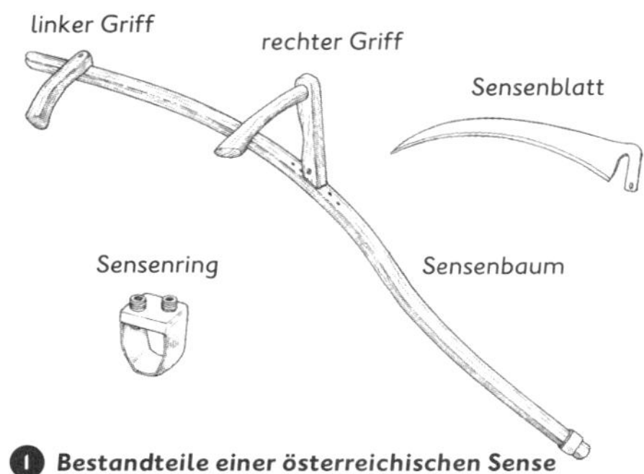

❶ **_Bestandteile einer österreichischen Sense_**

Montage der Sense

Bei Sensen mit abnehmbaren Griffen beginnt die Montage mit dem Anbau der Griffe. Ideal sind justierbare Griffe wie bei der hier dargestellten oberösterreichischen Landsense. Sie ist so beschaffen, dass die Griffe nicht auf dem Sensenbaum verrutschen oder sich verdrehen können ❸. Um die Griffe an die Körpergröße anzupassen, stellt man die Sense senkrecht vor sich, mit dem Schneidenende nach unten ❹. Der rechte (untere) Griff sollte auf Hüft- oder Gürtelhöhe befestigt werden. Der linke (obere) Griff sollte etwas mehr als die Länge von Unterarm und Hand mit ausgestreckten Fingern

❷ **_Geschmiedetes österreichisches Sensenblatt_**

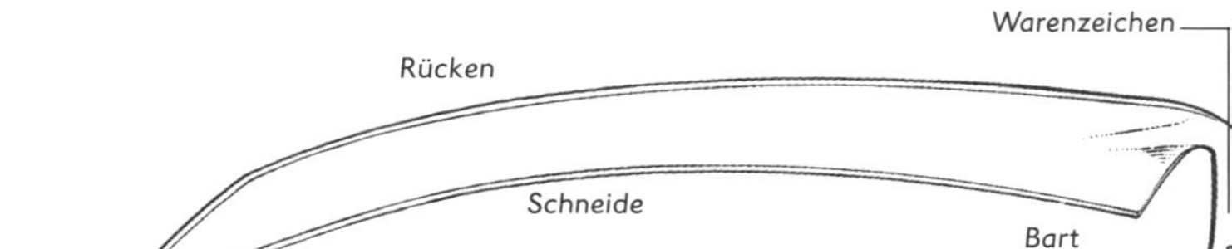

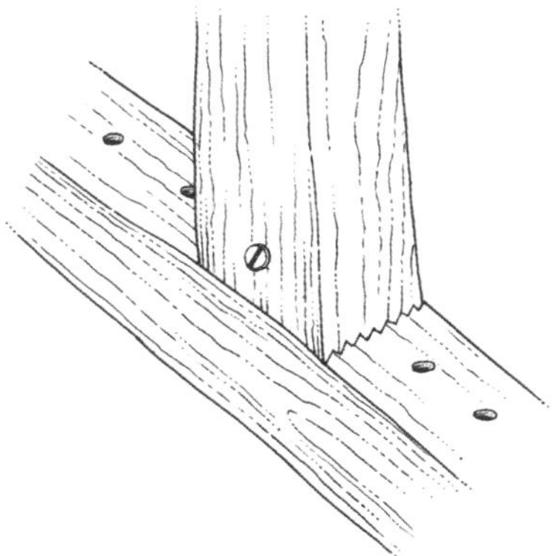

3 ***Justierbare, rutschfeste Griffverbindung***

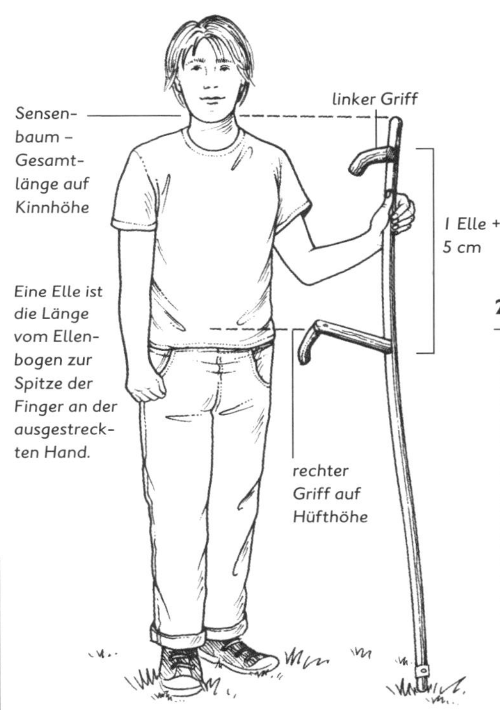

4 **Individuelle Einstellung der Sense**

(Abstand entspricht einer «Elle») über dem rechten sitzen. Zum Abmessen stützt man den Ellenbogen auf den rechten Griff und führt den gestreckten Unterarm und die gestreckte Hand am Sensenbaum nach oben. Der linke Griff sollte dann 3–5 cm oberhalb der Fingerspitzen befestigt werden. Beide Griffe so ausrichten und gut festschrauben. Jetzt wird die Schneide befestigt. Dazu streift man zunächst den Sensenring über das Ende des Sensenbaums und schiebt ihn ein Stück über die Aussparung für die Warze nach unten. Dann wird die Hamme so an den Sensenbaum angelegt, dass die Warze am unteren Ende der Hamme direkt in der entsprechenden Aussparung am Sensenbaum liegt. Nun schiebt man den Sensenring über den Hals der Hamme und zieht die Schrauben des Sensenrings gleichmäßig fest (alle jeweils immer nur ein kleines Stück), um festen Halt zu gewährleisten. Ziehen Sie die Schrauben jedoch nicht ganz fest, um als weitere Vorbereitung den Anstellwinkel noch korrigieren zu können **5**.

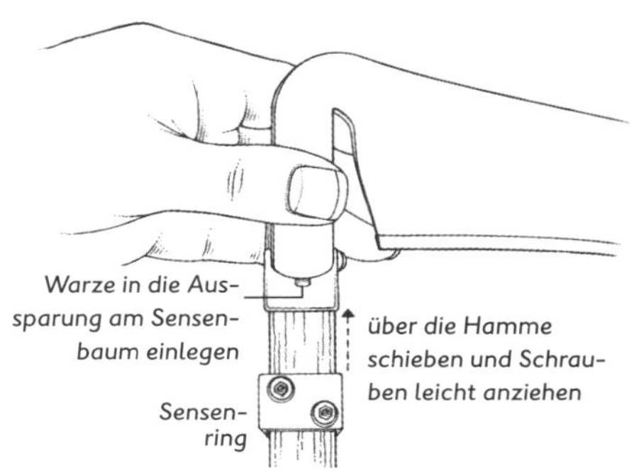

5 **Befestigung des Blattes am Sensenbaum**

6 Anstellwinkel einstellen, Schritt 1

Damit die Schneide des Sensenblatts im richtigen Winkel auf das Gras trifft, muss ggf. auch der Hammenwinkel justiert werden. Dieser Winkel entsteht durch die Sensenwölbung und den Versatz zwischen Hamme und Bart. Er ist erkennbar in der Seitenansicht und beträgt meist 25–30°. Die Schneide des Sensenblatts sollte den Boden nicht berühren, um das Gras im Schrägschnitt zu schneiden, im Idealfall befindet sie sich 10 mm über dem Boden 8. Setzen Sie ggf. einen Keil zwischen Sensenbaum und Hamme ein 9.

Um den Anstellwinkel zu justieren (das ist der Winkel zwischen Sensenblatt und Sensenbaum; er wird definiert durch die Verschiebung der Hamme aus der Parallelen im Verhältnis zum Sensenbaum), halten Sie die Sense mit der rechten Hand am unteren Griff und legen den oberen Griff direkt über Ihrem rechten Fuß an das Schienbein an, wobei das Sensenblatt am Boden und die Sense direkt vor Ihnen liegt 6. Markieren Sie die Stelle, an der der Bart am Boden liegt. Jetzt schwenken Sie mit der rechten Hand am unteren Griff die Sense so nach rechts, dass die Sensenspitze an der Stelle zu liegen kommt, an der sich zuvor der Bart befand. Wo befindet sich die Spitze im Verhältnis zur Markierung? Beim Mähen von Gras sollte die Spitze etwa drei Fingerbreit tiefer liegen als der Bart 7.

Entsprechend muss das Sensenblatt höher oder tiefer gestellt werden. Dazu wird der Sensenring gelockert und geringfügig auf dem Sensenbaum nach oben oder unten verschoben, um den richtigen Winkel zu erzielen. Jetzt ist die Sense montiert und im Wesentlichen auf Ihren Körper eingestellt. Beim Mähen können gelegentlich kleine Nachjustierungen erforderlich werden, je nachdem, wie Sie mähen und welches Material bearbeitet wird.

7 Anstellwinkel einstellen, Schritt 2

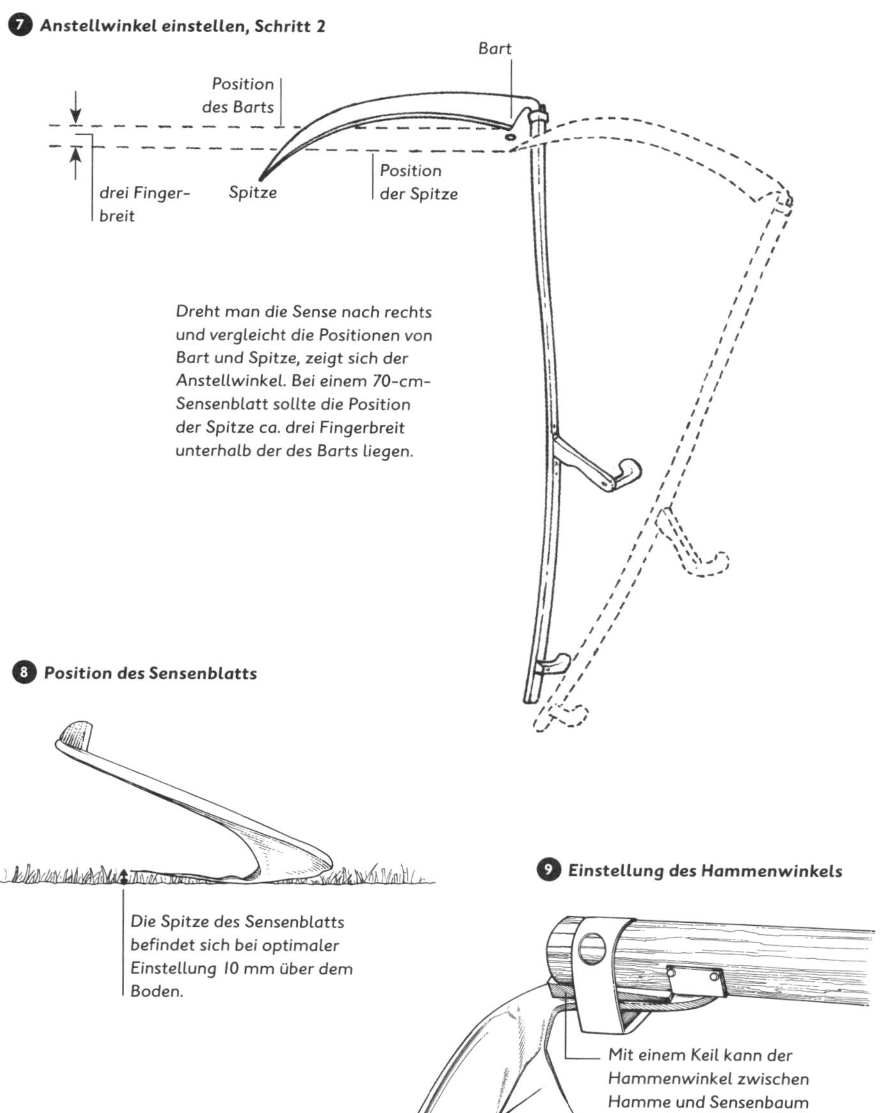

Dreht man die Sense nach rechts und vergleicht die Positionen von Bart und Spitze, zeigt sich der Anstellwinkel. Bei einem 70-cm-Sensenblatt sollte die Position der Spitze ca. drei Fingerbreit unterhalb der des Barts liegen.

8 Position des Sensenblatts

Die Spitze des Sensenblatts befindet sich bei optimaler Einstellung 10 mm über dem Boden.

9 Einstellung des Hammenwinkels

Mit einem Keil kann der Hammenwinkel zwischen Hamme und Sensenbaum bei Bedarf justiert werden.

Sicherheit

Eine unsachgemäß oder mit wenig Respekt behandelte Sense kann Menschen verstümmeln oder gar töten. Eine sachgemäße und respektvolle Handhabung der Sense wird niemals zu Verletzungen führen. Im Folgenden gebe ich Hinweise zu geeigneter Lagerung, Handhabung und sicherem Transport einer Sense.

Der sicherste Ort zur Lagerung einer nicht in Gebrauch befindlichen Sense ist am Boden – deutlich sichtbar, mit den Handgriffen nach oben, der Schneide nach unten ins Gras zeigend, und nicht dort, wo jemand versehentlich darauf treten oder darüber stolpern könnte (auch darf das Sensenblatt nicht auf Beton oder einer anderen harten Oberfläche liegen, da es sonst beschädigt werden kann) **10**. Wenn Sie die Arbeit mit der Sense nur kurz unterbrechen, stellen Sie das Werkzeug senkrecht,

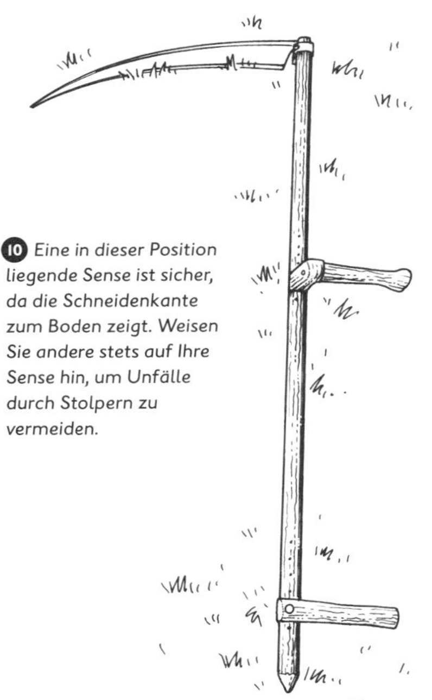

10 *Eine in dieser Position liegende Sense ist sicher, da die Schneidenkante zum Boden zeigt. Weisen Sie andere stets auf Ihre Sense hin, um Unfälle durch Stolpern zu vermeiden.*

11 *Fassen Sie die Sense in stehender Position immer sicher mit beiden Händen.*

fassen Sie es zwischen Sensenblatt und rechtem Griff, Sensenblatt nach oben, das andere Ende des Sensenbaums auf den Boden oder Ihren Fuß. Die Spitze mit der linken Hand auf Abstand von sich selbst und anderen halten **11**.

Obwohl das Bild der Mäher, die über das Feld schreiten und den Sensenbaum lässig auf der Schulter tragen, als wäre die Sense ein geschnürtes Bündel am Stock, sehr geläufig ist, ist das doch eine sehr unsichere Art des Tragens. Ein Sensenblatt, das aus so großer Höhe herunterfällt, gewinnt an Geschwindigkeit und setzt relativ hohe Energie frei. Der Träger der Sense hat das Sensenblatt nicht im Blick, weil es sich hinter ihm befindet, und die Wahrscheinlichkeit, nachlässig zu werden, ist groß.

Besser ist es, sich für das sichere Tragen der Sense die Erdanziehung zunutze zu machen. Trägt man die Sense in der rechten Hand, fasst sie in der Mitte des Sensenbaums mit dem Sensenbaum parallel zum Boden und balanciert ihn aus, muss man sich nicht anstrengen, um die

⓬ *Wenn Sie mit einer Sense gehen, halten Sie sie in der rechten Hand und balancieren Sie sie aus. Das Sensenblatt wird sich dann automatisch von Ihrem Körper wegdrehen.*

Sense in Position zu halten, da das Sensenblatt durch seine Form automatisch nach unten und leicht nach außen zeigt. Dreht man den Sensenbaum noch ein wenig nach rechts, kann man sicher sein, dass das Sensenblatt beim Gehen auch nicht am Boden schleift ⓬. Wenn die Sense jetzt fällt, ist die Energie sehr viel niedriger, weil die Höhe geringer ist und somit auch die Fallgeschwindigkeit. Das Sensenblatt zeigt nach vorn und bleibt immer sichtbar. Genauso kann die Sense mit der linken Hand getragen werden, muss dann nur mit etwas Anstrengung nach links gedreht werden.

Sind viele Leute beim Mähen in der Nähe und Sie müssen sich mit der Sense hindurchmanövrieren, halten Sie die Spitze des Sensenblatts mit der linken Hand und den Sensenbaum mit der rechten. So verletzen Sie weder sich selbst noch andere und verlieren die Position des Sensenblatts nicht aus den Augen.

Eine montierte Sense aufzuhängen ist die sicherste Art, um sie aufzubewahren. Aber auch dann sollte man sich des hohen Gefahrenpotenzials durch Herunterfallen bewusst sein. Unabhängig davon, ob Sie die Sense dauerhaft zu Hause aufhängen oder nur vorübergehend in einem Baum deponieren, stellen Sie immer sicher, dass die Spitze des Sensenblatts höher hängt als die größte Person, die mit ihrem Kopf damit in Berührung kommen könnte, und dass das untere Ende der Sense immer außerhalb der Reichweite von Kindern hängt ⓭.

Lagern Sie die Sense nicht in direkter Sonneneinstrahlung, da die Härtung des Materials ruiniert wird, wenn das Sensenblatt über 100 °C erwärmt wird. Bei zwei Sensen trägt man entweder in jeder Hand eine und hält den Sensenbaum parallel wie oben beschrieben, oder man trägt beide in der rechten Hand, aber mit versetzten Sensenblättern, sodass sie sich nicht berühren, denn darunter würden die Schneiden leiden.

⓭ *Wenn Sie eine Sense in einen Baum hängen, stellen Sie sicher, dass sich der unterste Teil außerhalb der Reichweite von Kindern befindet.*

Der Mähschwung

Zum möglichst einfachen Mähen eignet sich die folgende Grundposition am besten: Beine leicht auseinander, Knie locker und leicht gebeugt, der rechte Fuß steht etwas weiter vorn als der linke, etwa mittig zwischen den beiden Griffen des Sensenbaums. Der rechte Griff befindet sich beim oberösterreichischen Sensenbaum nahe dem rechten Knie, während das Sensenblatt im Bereich zwischen Hamme und der Mitte des Sensenblatts den Boden berührt (Handposition bitte entsprechend ausrichten), die Spitze des Sensenblatts zeigt nach vorn **14**. Das leichte Vorsetzen des rechten Fußes dreht den gesamten Körper leicht nach links, was gewünscht ist, denn das Sensenblatt ist stark rechts ausgerichtet und das Mähen dadurch auch. Das Linksdrehen gleicht diese Verschiebung aus. Dadurch bleiben Ihre Schwaden gemähten Grases weitgehend frei von ungemähtem Gras zu Ihrer Linken.

Die Sense wird im Halbkreis um den Körper gezogen, dabei hat das Sensenblatt immer Bodenkontakt, auch bei der Rückholbewegung **17**. Da die Sense mit den Händen gehalten wird, neigt man dazu, sich angestrengt auf Hände und Arme zu konzentrieren. Am Beispiel einer Den-Den-Taiko, einer kleinen japanischen Kugeltrommel **15**, lässt sich gut erklären, warum das unnötig ist. Um dieser kleinen Trommel Töne zu entlocken, dreht man die Achse zwischen den Händen im

14 *die «neutrale» Position zum Halten der Sense in Mähposition*

Wechsel von rechts nach links und zurück. Die mit Bändern an der Achse befestigten kleinen Kugeln werden von der Zentrifugalkraft nach oben und außen geschleudert und schlagen auf den Trommelkörper 16. Zum Trommeln ist keinerlei direktes Einwirken auf die Bänder und Kugeln erforderlich. Stellen Sie sich vor, Ihr Körper sei der Trommelkörper. Lassen Sie Ihre Hände, Arme und Schultern völlig frei und drehen Sie nur die Wirbelsäule, Ihre Achse, von einer Seite zur anderen. Beobachten Sie Ihren Körper und stellen Sie sich vor, Sie hätten die Sense in Ihren Händen. Sie werden feststellen, dass der Mähschwung keinerlei Anstrengungen Ihrer Arme erfordert, sie dienen zum Halten und Stabilisieren der Sense.

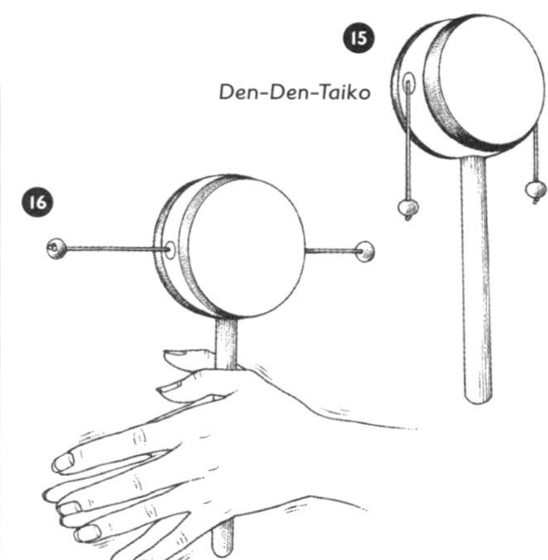

Dreht man die Den-Den-Taiko wechselseitig um ihre Achse, werden die Perlen nach oben und außen geschleudert und schlagen auf den Trommelkörper.

17 *Das Sensenblatt wird im Halbkreis durch das Gras bewegt.*

⓲ Beginn des Mähschwungs

⓳ Mitte des Mähschwungs

Nehmen Sie jetzt die Sense in Ihre Hände und lassen Sie sie, so widersprüchlich es Ihnen auch erscheinen mag, einen Halbkreis um Ihren Körper beschreiben, indem Sie nur mit Rumpf und Beinen arbeiten ⓲ ⓳. Der Rücken der Sense (der senkrecht zum Boden stehende Teil des Sensenblatts) markiert den Weg, den die Sense nehmen wird. Wenn Sie also unbedingt etwas fokussieren möchten, wählen Sie diesen Weg. Halten Sie den Sensenbaum dicht am Körper und ziehen Sie die linke Hand mit dem Drehen des Oberkörpers Richtung Wirbelsäule ⓴. Der Schwung ist beendet, wenn die Spitze des Sensenblatts nach hinten zeigt ㉑. Die Kombination aus der Form des Sensenblatts, der Reibung und der Erdanziehung be-

21 Am Ende des Schwungs zeigt das Sensenblatt nach links hinten.

20 Ende des Mähschwungs, die linke Hand geht hinter den Rücken

wirkt, dass das geschnittene Gras am Umkehrpunkt des Mähschwungs von der Sense fällt und links hinter Ihnen eine Schwade bildet.

Um ein Gefühl für den Halbkreisschwung der Sense zu bekommen, versuchen Sie, die Drehung des Oberkörpers nur über die Wirbelsäule zu steuern. Beobachten Sie den Bogen, den der Rücken des Sensenblatts beschreibt. Lassen Sie Ihren Oberkörper von Seite zu Seite schwingen, indem Sie Ihr Gewicht von einem Fuß auf den anderen verlagern (rechter Fuß beim Mähschwung, linker Fuß bei der Rückholbewegung), und Sie fühlen, wie die Kraft Ihrer Beine das Mähen unterstützt. Und nicht vergessen: Das Sensenblatt bleibt beim Mähen immer am Boden!

Das Mähen

Grasmähen ist eine Kombination aus Mähschwung und einer Vorwärtsbewegung in den Reihen. Vor jedem Schwung (also bei jeder Rückholbewegung) machen Sie zwei winzige Schritte vorwärts, nur ein paar Zentimeter. Genau diese wenigen Zentimeter Gras (ca. 4 cm), die bei jedem Mähschwung definitiv geschnitten werden. Erfahrene Mäher schaffen etwas mehr, längere Sensenblätter auch.

So gehen Sie vor: Am Ende des Mähschwungs, zu Beginn der Rückholbewegung (Sensenblatt ist am Boden!), liegt Ihr Gewicht auf dem linken Bein, d.h., das rechte Bein ist frei, Sie können einen kleinen Schritt nach vorn machen. Am Ende der Rückholbewegung machen Sie mit dem linken Fuß ebenfalls einen kleinen Schritt nach vorn. Schon wurde der gesamte Mähapparat (Mensch und Sense) für den nächsten Mähschwung versetzt und die nächsten 4 cm Gras in der Reihe können gemäht werden. Mit der Zeit wird dieser Bewegungsablauf zu einer Art Walzertakt: «Schwung, Schritt, Schritt, Schwung, Schritt, Schritt». Achten Sie auf Ihre Atmung. Beim Mähschwung ausatmen, bei der Rückholbewegung einatmen.

Sobald eine gewisse Routine einkehrt, können Sie mit der Sense experimentieren, um herauszufinden, was für speziell Ihren Körper gut ist und was nicht. Sollten die Griffe versetzt werden? Was passiert, wenn ich den Anstellwinkel vergrößere oder verkleinere? 22

Um die Mahdbreite (Schnittbreite des Mähschwungs) zu vergrößern, können Sie nach der Rückholbewegung mit der Sense weiter nach rechts ausholen. Versuchen Sie nicht, die Breite der Schwade durch Weiterausholen nach links zu erhöhen, denn die Gesamteffizienz wird dadurch verringert, außerdem führt das zu einer Überbelastung der Knie oder gar zu Verletzungen. Manche Mäher empfehlen größere Schritte beim Vorholen (Vorschub der Sense am Mähgut), um die Schwadenbreite zu vergrößern, aber ich habe den Eindruck, die Effizienz leidet darunter, und kann das nicht empfehlen. Sowieso rate ich generell von Maßnahmen zur Effizienzsteigerung beim Mähen ab, denn ich halte derartige Versuche nur kurzfristig für Erfolg versprechend. Wenn es läuft, dann läuft es doch! So, das habe ich jetzt gesagt, machen Sie etwas draus!

22

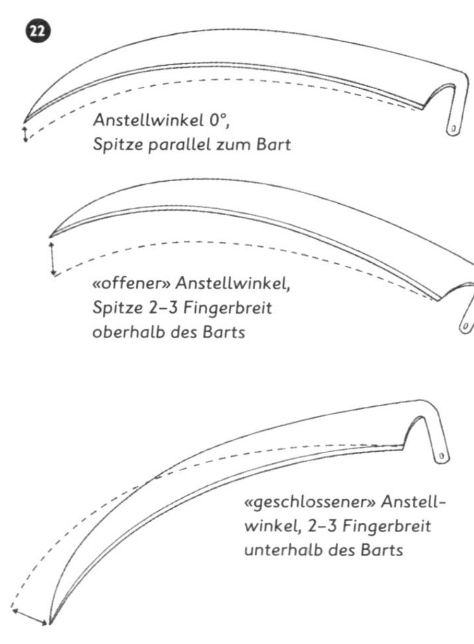

Es gibt unterschiedlich lange Sensenblätter. Grassensenblätter sind in der Regel 60–90 cm lang. Es gibt kürzere (50 cm) und auch dickere Sensenblätter zum Ausschneiden von Schösslingen im Feld oder an Zäunen entlang, 30 cm lange Handsensen und sehr lange (110 cm und mehr) Sensenblätter für Mähwettbewerbe.

Kronentraufe mulchen *von* Michael Phillips

Während der Wachstumsperiode verdoppeln Obstbäume ihr System von Versorgungswurzeln. Direkt nach der Blütezeit geht das Wurzelwachstum in die Vollen – rechtzeitig für den Fruchtansatz. Die Nährstoffaufnahme konzentriert sich sowohl auf die diesjährigen Früchte als auch auf die Stammzellen für die Früchte des Folgejahres.

Die Versorgungswurzeln im Wurzelsystem vergrößern sich um 2,5–5 cm. Der überwiegende Teil dieser Ausdehnung zu den Seiten hin ist temporär – die Wurzeln haben eine Aufgabe zu erfüllen, danach werden die Extensionen abgestoßen. Das Auf und Ab dieses Wurzelwachstums wirkt symbiotisch zusammen mit Mykorrhizapilzen. Deren verzweigte Struktur unterstützt die Nährstoffaufnahme des Baums genau zu der Zeit, zu der die Baumwurzeln im Gegenzug die Pilze mit Kohlenhydraten versorgen.

Terminiert man die erste Mahd im Obstgarten so, dass sie mit dieser Ausdehnung der Wurzeln einhergeht, erzeugt das eine vorteilhafte Dynamik bei der Nährstoffaufnahme für die wachsenden Früchte. Obstbäume, die auf einer Wiese wachsen, leben mit den sie umgebenden Gräsern und Kräutern im Wettstreit um Nährstoffe. Mäht man das Gras zur Zeit des Fruchtansatzes mit der Sense wöchentlich oder 14-tägig im Bereich der Kronentraufe um jeden Baum, hat man einen Mulchteppich mit einem vorbildlichen Kohlenstoff-Stickstoff-Verhältnis für das Gedeihen der Pilze.

Diese Optimierung für die Pilze findet statt, wenn der Kohlenstoffgehalt des eingesetzten organischen Materials 30- bis 40-mal höher ist als der Stickstoffgehalt. Traditionell ist das genau der Zeitpunkt, zu dem die Bauern die erste Heumahd vornehmen. Saatköpfe sind noch unreif, d. h., der Proteingehalt für das Vieh ist optimal und das Verhältnis C:N des frisch gemähten Grases unter den Obstbäumen ist perfekt, um die Pilze reichlich zu versorgen, ohne Stickstoff zu binden.

Für das Mulchen auf der Kronentraufe muss der ganze, unzerkleinerte Grashalm verwendet werden, was durch Sensen möglich ist. Durch die Unterdrückung der pflanzlichen Konkurrenz können die Wurzeln der Obstbäume länger und intensiver mit den verbündeten Pilzen zusammenwirken.

Diese erste Mahd sorgt für viel Platz und eine optimale Nährstoffversorgung der Obstbäume. Seltenes Mähen hat ganz andere Auswirkungen auf das Gras als regelmäßiges. Das erste «Ausbremsen» durch die Mahd im späten Frühjahr löst einen Rückzug der Wurzeln der Konkurrenten aus dem Ökosystem aus, bis sich die gemähten Pflanzen wieder erholt haben. Die Versorgungswurzeln und die mit ihnen in Symbiose lebenden Mykorrhizapilze haben Zugang zu Nährstoffen, die ihnen die Nachbarpflanzen ohne die Mahd weggeschnappt hätten. Das biologisch durchdachte Mähen kommt so unmittelbar der Ausbildung der Früchte zugute.

Michael Phillips ist bekannt für seine Hilfsbereitschaft beim Anbau von gesundem Obst. Unter www.groworganicapples.com gibt es viele Informationen über ökologische Obstgärten. Phillips hat unter anderen die Bücher «The Apple Grower» und «The Holistic Orchard» zu dem Thema geschrieben.

Probieren Sie alle Sensenblätter aus, derer Sie habhaft werden können, und experimentieren Sie, um herauszufinden, wie sie sich anfühlen und was man damit machen kann. Generell schneiden kürzere Sensenblätter weniger Gras (weniger Vorschub), sind aber leichter zu kontrollieren. Längere Sensenblätter vergrößern den Vorschub, sind aber zunächst schwer beherrschbar und sehr empfindlich gegenüber kleinsten Veränderungen des Anstellwinkels. Ein kürzeres Sensenblatt, wie etwa bei einer Buschsense, kann die Flexibilität erhöhen, da das Sensenblatt mit Unterstützung der Arme in kürzeren Schwüngen bewegt werden kann.

Jetzt geht es darum, wo und wie man die Mahd ansetzt. Jeder hat da seine eigenen Präferenzen, dennoch ist es gut, die folgenden Aspekte zu berücksichtigen:

1 Wählen Sie Ansatzpunkt und Vorgehensweise so aus, dass der Arbeitsaufwand optimiert wird.

2 Mähen Sie so, dass das Gras aufgrund der Erdanziehung fällt und dadurch der Schnittablauf unterstützt wird.

3 Wo das Gras nur umgelegt (nicht geschnitten, nur zu Boden gedrückt) ist, muss von hinten in die Knickstelle geschnitten werden, da das Sensenblatt sonst nur über die Grashalme gleitet, anstatt sie zu schneiden.

4 An Hängen sollte diagonal nach links aufwärts gemäht werden, also von unten nach oben, um nicht Gefahr zu laufen, in das Sensenblatt zu rutschen oder zu fallen, und um die Erdanziehung für das Schwaden zu nutzen.

5 Die Schwaden sollten so zu liegen kommen, dass die Ernte mit den jeweils zur Verfügung stehenden Methoden (Heuwagen, Ballenpresse, Heureiter usw.) optimal eingebracht werden kann. Berücksichtigen Sie bei der Mahd Höhe und Breite Ihrer Ernteausrüstung sowie den Abstand zu Bäumen und ähnlichen Hindernissen.

HERAUSFORDERUNGEN BEI DER MAHD Nimmt man sich eine flache, regelmäßig gemähte Wiese ohne Schösslinge vor, gibt es nicht viel mehr zu bedenken als die Optimierung der Mahd für das Einbringen der Ernte. Das Mähen ist dann das reine Vergnügen. Nichtsdestotrotz kann es beim Mähen typische Herausforderungen geben.

Es ist ja nicht ungewöhnlich, dass auf Wiesen Bäume oder Sträucher stehen oder man vielleicht sogar eine Obstwiese mähen möchte. Ziel ist dabei, so zu mähen, dass weder Baum noch Sense Schaden nimmt und dass die Schwaden trotzdem leicht zugänglich und ordentlich angeordnet werden. Dazu mähen Sie zunächst so dicht an den Baum heran, bis Sie nicht mehr sicher sind, dass der nächste Mähschwung noch ohne Berührung des Baums bewältigt wird. Dann arbeiten Sie sich mit kurzen Schwüngen überwiegend mit Armeinsatz und nur mit der vorderen Hälfte des Sensenblatts bis unmittelbar an den Baum heran. Jetzt wird der Rücken des Sensenblatts vorsichtig auf Höhe der Spitze gegen den Baumstamm gesetzt 23 und mit einem kurzen, schnellen Schwung vom Baum weggemäht 24. Mit solchen kurzen Mähschwüngen arbeitet man nun um den Baum herum, bis der Fuß des Stamms vollständig freigelegt ist. Rund um den Baum liegt jetzt allerdings gemähtes Gras im ungemähten. Um die im Kreis liegenden Schwaden freizulegen, muss nun eine Schicht ungemähten Grases

23 *Vorsichtiges Anlehnen des Sensenblattrückens auf Höhe der Spitze schützt den Baum …*

24 *… und Sie können risikolos einen kurzen Schwung vom Baum weg vornehmen.*

❷❺ *Durch Mähen in der Gegenrichtung wird die erste Schwadenschicht vom noch stehenden Gras befreit.*

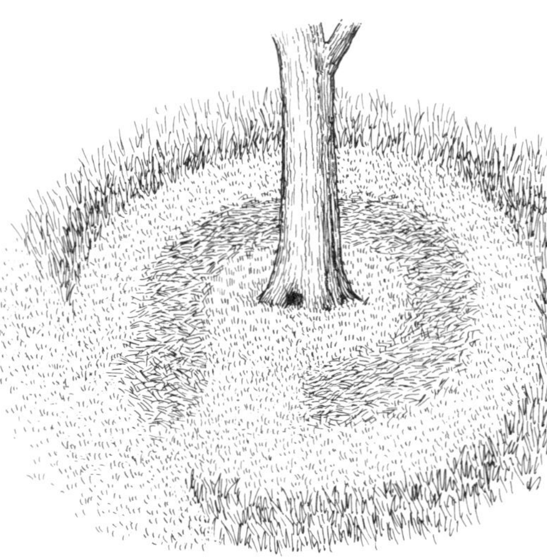

❷❻ *Ein erfolgreich freigemähter Baum*

ebenfalls kreisförmig um den Baum, aber in Gegenrichtung gemäht werden. Beginnen Sie außerhalb der ersten Schwaden und schieben Sie diese eventuell etwas in Richtung des Baums zurück ❷❺. Wenn Sie wieder an der Ausgangsstelle vor dem Baum angekommen sind, haben Sie rundherum eine dichte Schwade aus Grasschnitt, die in einigem Abstand vom Baum und nicht im ungemähten Gras liegt ❷❻.

Wo Wiesen an Asphalt- oder Schotterwege grenzen, sollte so gemäht werden, dass das Sensenblatt nicht mit dem harten Untergrund in Berührung kommt. Statt in weiten Schwüngen wird im rechten Winkel zum Weg oder zur Straße gemäht. Dabei achtet man besonders auf den Rücken des Sensen-

❷❼ *Ein Steilhang wird von unten nach oben gemäht, dabei holt man weit nach rechts aus, um so hoch wie möglich ansetzen zu können.*

❷❽ *Der Schwung endet mehr oder weniger in der neutralen Position.*

blatts, um Schäden an der Sense zu vermeiden. Diese Technik wird auch eingesetzt, wenn die Wiese an Uferböschungen oder andere schwierige Bereiche grenzt.

Beim Mähen von Steilhängen sollten Weg und Mährichtung sorgfältig geplant werden, denn effiziente Schwadenbildung beruht auf der Erdanziehungskraft. Lässt man sie unberücksichtigt und mäht möglicherweise gerade am Hang hinauf, wird man sehr schnell merken, wie mühsam das ist. Nutzen Sie die Erdanziehung und mähen Sie den Hang möglichst diagonal von unten nach oben. Wenn das nicht geht, weil der Hang zu steil ist, mähen Sie waagerecht mit halben Schwüngen, d.h. von rechts bis zur Mitte, wie in den Abbildungen ❷❼ und ❷❽ gezeigt.

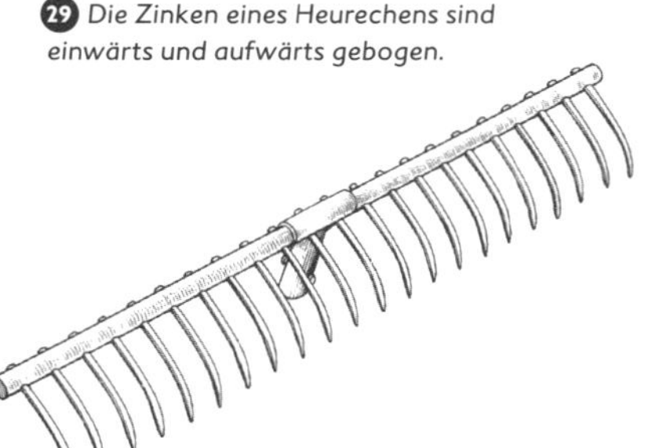

(29) Die Zinken eines Heurechens sind einwärts und aufwärts gebogen.

RECHEN Obwohl der Vorgang des Rechens von Gras oder Heu weitestgehend offensichtlich ist, gibt es da doch ein paar Details, die Zeit, Mühe und Frustration ersparen können.

Die Zinken richtiger Heurechen sind nicht nur am unteren Ende einwärts gebogen, sondern zusätzlich auch in der Mitte (29).

Dadurch gleiten die Zinken über den Boden, während das Heu aufgenommen wird, anstatt in den Boden zu stoßen, das Erdreich zu beschädigen und zusätzliche Mühe zu bereiten. Der Rechen sollte dicht am Körper geführt werden, der Griff wird beim Rechen so weit herangezogen, dass er nahezu senkrecht steht, wenn die Zinken vor Ihren Füßen sind (30).

Heu und nasses, frisch gemähtes Gras verfangen sich häufig in den Zinken. Mit einem kleinen Trick schafft man Abhilfe. Man drückt die Zinken beim Ausholen für den nächsten Rechenzug zunächst über etwa 15 cm gegen den Boden. Dadurch entsteht Reibung, die bewirkt, dass Gras nach dem Zug aus dem Rechen fällt.

REINIGUNG UND PFLEGE DER SENSE

Nach dem Mähen muss das Sensenblatt gewaschen und abgetrocknet werden, um Pflanzenrückstände, -säfte und Erde zu entfernen. Für die Winterlagerung wird es ebenfalls gewaschen und dann mit Speiseöl oder WD-40 gefettet. Motoröl (auch synthetisches) und Kettensägeöl eignen sich nicht – zum einen wegen der Umweltbelastung, zum anderen wegen Verharzen.

(30) Steht der Griff des Heurechens nahezu senkrecht, wenn er herangezogen wird, bleibt Heu auf dem Rechen, ohne dass dieser sich im Boden verfängt.

Drehen Sie beim Mähen den Rumpf mithilfe der Bauchmuskulatur hin und her.

KAPITEL 3

DAS BESTE AUS DEM KÖRPER HERAUSHOLEN

Die Dinge, die wir im Alltag tun, lassen sich mit Tanzen vergleichen. Wenn wir laufen, tanzen wir einen bestimmten Tanz, wenn wir sitzen, einen anderen usw. Mit einer Sense zu mähen, ähnelt dem Versuch, mit ihr zu tanzen und zwar so perfekt, dass am Ende ein großer Grashaufen hinter uns liegt und es sich trotzdem so anfühlt, als hätten wir kaum etwas getan.

Das Eintauchen in eine neue Aktivität, wie das Mähen mit der Sense, bietet eine gute Gelegenheit, unschöne Bewegungsgewohnheiten abzulegen und einen besseren Umgang mit dem eigenen Körper wiederzuentdecken. Anerkannte Methoden für derartige Veränderungen sind die Alexander-Technik, die Feldenkrais-Methode und die Gokhale-Methode. In der modernen Welt mit ihren oft sitzenden und stressintensiven Tätigkeiten, nimmt unser Körper häufig Positionen ein, die der Gesundheit nicht förderlich sind, und bekanntlich ist nichts so schwer zu überwinden wie eine lästige Angewohnheit.

31 Dehnung der Wirbelsäule über den Kronenpunkt am Schädeldach, wobei das Kinn auf dem Zeigefinger liegt

32 Stellen Sie die Füße so auf, dass die Knie weder nach innen noch nach außen fallen.

Alexander-Technik

Ich bin kein Lehrer für Alexander-Technik, aber ich habe eine Zeit lang Unterricht in dieser Methodik erhalten und möchte hier einige Aspekte anführen, die mir beim Mähen sehr geholfen haben. Zunächst ist da das Prinzip der «Inhibition» (Innehalten), ein Wort, das bei der Alexander-Technik eine ganz besondere Bedeutung hat. Unsere Gedanken können unglaubliche Kettenreaktionen unserer Muskeln – Anspannungen und gewohnheitsmäßige Bewegungen – hervorrufen und zwar so schnell, dass es kaum spürbar ist. In dem Moment, wo Sie denken: «Ich gehe jetzt hinaus und mähe das Gras mit meiner Sense», setzt Ihr Körper gleich jede Menge subtile Empfindungen und Spannungen frei, die auf Ihren bisherigen Erfahrungen mit der anstehenden Tätigkeit beruhen. In der Welt der Alexander-Technik bedeutet «Inhibition», zu diesen gewohnheitsmäßigen Energien «nein» zu sagen. Das bedeutet keineswegs, dass nicht gehandelt wird, denn es liefert die Möglichkeit, aus einer neutralen Position «ja» zu sagen und somit die gewohnheitsmäßige Reaktion zu unterbinden.

Ein weiteres Schlüsselkonzept der Alexander-Technik ist die Dehnung der Wirbelsäule. Das hat nichts zu tun mit Stehen, Geradesitzen oder Einnehmen einer bestimmten Haltung (den Begriff «gute Haltung» kann man ohnehin getrost vergessen). Bei dem Aspekt geht es darum, die Wirbelsäule kontinuierlich einem dynamischen Dehnungsprozess zu unterziehen, indem der Kronenpunkt des Kopfes bei allem, was wir tun, aus dem Nacken heraus nach oben gezogen wird, sodass die Muskeln, die die Wirbelsäule mit dem Kopf verbinden (*Musculi suboccipitales*, kurze Nackenmuskeln), vollkommen entspannen können. Es mag widersprüchlich erscheinen, aber Sie werden das Kinn anziehen, wenn sich die Wirbelsäule dehnt, sodass Sie es auf dem Zeigefinder ablegen können, wenn Daumen und Mittelfinger einer Hand auf dem Schlüsselbein liegen. Beim *Chi Running* verwendet man diese Dehnung nach oben durch die eine Hand mit gleichzeitiger Dehnung nach unten mit dem Daumen der anderen Hand, den man auf den Bauchnabel legt 31.

Die Dehnung der Wirbelsäule ist keine «Haltung», sondern ein dynamischer Prozess. Beim Mähen sollten Sie sich auf diesen Prozess einlassen, während Sie Arme und Beine möglichst wenig bewegen. Die Kraftquelle beim Mähen liegt im Drehen des Rumpfs mithilfe der Bauchmuskeln.

Des Weiteren bietet die «konstruktive Pause» eine Methode, den Körper zu entspannen,

33 *Die Ellenbogen liegen auf dem Boden, die Hände entspannt am unteren Rippenbogen.*

Basisanweisungen

- Ich erlaube meinen Halsmuskeln, sich vollkommen zu entspannen.
- Ich erlaube meinem ganzen Kopf, sich frei auf der Wirbelsäule auf und ab zu bewegen.
- Meine gesamte Wirbelsäule darf sich strecken, mein Rücken darf lang und weit werden.
- Ich erlaube meinen Hüften, Rippen und Schultern, weit zu werden und sich auszubreiten.
- Meine Ellenbogen und Knie lösen und entspannen sich.
- Ich erlaube meinen Füßen, sich auf dem Boden zu entspannen, und meinen Händen, gelöst auf meinen Rippen zu liegen.

Zusätzliche Anweisungen

- Erlauben Sie Ihrem Atem, frei zu fließen. Beim Einatmen macht Ihr Brustbein der Luft Platz, beim Ausatmen sinkt es gelöst nach unten. Das Atmen nicht forcieren, aber dem natürlichen Rhythmus folgen.
- Sie können Ihre Anweisungen ergänzen und das Gewicht Ihres Körpers an den Boden abgeben, nervöse Muskelaktivitäten beruhigen und dabei die Wachsamkeit der Sinne fördern.

indem man ihn ein Stück weit dem Einfluss der Schwerkraft entzieht. Man sollte diese Übung von einem Lehrer der Alexander-Technik vermittelt bekommen, aber ich kann hier eine Kurzbeschreibung geben. Legen Sie sich flach auf den Rücken auf einen festen, aber warmen Untergrund. Stellen Sie die Füße so auf, dass die Knie weder nach innen noch nach außen fallen 32. Der Kopf wird von einem oder mehreren Taschenbüchern so gestützt, dass das Gesicht parallel zum Boden liegt (Kinn weder zur Decke recken noch an den Hals drücken). Die Hände entspannt auf den Bauch legen 33 . In dieser Position geben Sie Ihrem Körper die folgenden Anweisungen für die «konstruktive Pause»:

Optimale Dauer der konstruktiven Pause sind 15–20 Minuten täglich. Ich selbst mache sie allerdings ganz nach Bedarf, so wenn ich merke, dass sich meine Muskeln verspannen (besonders Nacken- und Schultermuskulatur). Wenn ich eine größere Fläche mähe und damit mehrere Stunden oder sogar den ganzen Tag beschäftigt bin, lege ich mitunter sogar stündlich eine konstruktive Pause ein. Immer wieder bin ich überrascht, wie sehr sie mir hilft, mich wieder zu erholen und meine Wirbelsäule wieder zu strecken und zu dehnen.

Auffällig zu Beginn dieser Übung ist, dass sich zunächst einmal alles «falsch» anfühlt. Das ist eine Besonderheit schlechter Angewohnheiten beim Gebrauch unseres Körpers. Sie fühlen sich mit der Zeit ganz normal an, sodass es «falsch» erscheint, sie zu ändern. Die guten Gewohnheiten und der gesunde Umgang mit dem Körper erscheinen dann zunächst falsch oder merkwürdig, bis die Muskeln und das Gehirn sich neu orientiert haben.

Diese Veränderungen mögen anfangs irritierend und entmutigend sein, aber mit der Zeit oder auch mit Unterstützung eines Therapeuten gelingt die Neuorientierung.

Ein Aphorismus sagt: «honour necessity, honour sufficiency» (ehre die Notwendigkeit, ehre die Hinlänglichkeit), was soviel bedeutet wie: «Werde dem, was zu tun ist, gerecht, indem du tust, was zu tun ist, nicht weniger, aber auch nicht mehr.»

Meditation

Meditation befreit mich von Stress, fördert mein Körpergefühl und meine Kompetenz zu fokussieren. Da ich auch beim Umgang mit der Sense meditiere, möchte ich hier diese Technik erwähnen, die das Mähen zumindest indirekt unterstützt. Wer jahrelang täglich meditiert, verändert sein Gehirn, schafft neue neurale Netzwerke. (Dieser Vorgang wird Neuroplastizität genannt.) Je öfter ich meditiere, umso eingehender etablieren sich diese Netzwerke in mir und intensivieren die Auswirkungen der Meditation im Alltag auch dann, wenn ich nicht meditiere.

Ich habe herausgefunden, dass Stress vermutlich der Hauptgrund für meine schlechte Technik beim Mähen ist. Je mehr meine Gedanken abschweifen und ich nicht bei der Sache bin, umso mehr verfalle ich in alte, schlechte Gewohnheiten beim Umgang mit mir selbst: unnötige Anspannung, falscher Muskeleinsatz und als Folge erhöhter Energieaufwand. Daraus resultieren Müdigkeit, Frustration und verfrühter Abbruch der Aktion. Meditation kann derartige Ineffizienz von Anfang an vermeiden.

Durch Meditation wird man sich unnötiger Verspannungen im Körper schneller bewusst. Wenn sich die durch Meditation erlernte Achtsamkeit im täglichen Leben ausbreitet, wächst das Körperbewusstsein und Stressfaktoren werden erkannt und können vermieden werden. Das gilt natürlich auch für das Mähen mit der Sense.

Je intensiver Sie sich auf die Tätigkeit Ihrer Hände konzentrieren können, umso effektiver werden Sie arbeiten. Gesteigerte Achtsamkeit hilft Ihnen, bessere Entscheidun-

Meditationsübung

Meine persönliche Meditation ist eine Kombination aus transzendentaler Meditation und dem Benson-Henry-Protokoll:

* Ich suche mir zunächst einen stillen, bequemen Platz, an dem ich nicht gestört werde. Falls nötig, schalte ich einen Ventilator als konstantes Störgeräusch ein, um andere Geräusche fernzuhalten.

* Dann schließe ich meine Augen und lasse mir eine Minute Zeit, um meine Muskeln progressiv zu entspannen, beginnend bei den Zehen, endend am Kopf.

* An diesem Punkt beginne ich mit der Wiederholung meines Mantras. Die Augen bleiben geschlossen. Wenn Sie an einem Kurs für transzendentale Meditation teilnehmen, erhalten Sie ein persönliches Mantra. Es hat sich aber herausgestellt, dass jedes beliebige, selbst gewählte Wort mit neutraler oder positiver Konnotation (z. B. «Eins» oder «Frieden») diesen Zweck ebenso gut erfüllt.

* Versuchen Sie, während der gesamten Meditation eine möglichst passive Haltung zu bewahren. Es geht nicht darum, das Gehirn von Gedanken freizubekommen. Gedanken sind unvermeidlich, denn Denken ist die Aufgabe unseres Gehirns. Meditation dient dazu, den Prozess des Denkens zu fokussieren (auf ein Mantra, den Atem, ein Bild usw.).

* Ihre Gedanken werden unwillkürlich abschweifen, das ist völlig normal. Wenn Sie es wahrnehmen, akzeptieren Sie es mit einem «ach ja» und fokussieren wieder das Mantra. Während der Meditation werden Sie das vermutlich mehrmals tun.

Transzendentale Meditation sollte zweimal täglich für etwa 20 Minuten praktiziert werden. Das Benson-Henry-Protokoll zur Meditation empfiehlt 12–15 Minuten mindestens einmal täglich. Ich meditiere einmal morgens vor dem Frühstück als Start in den Tag und einmal am späten Nachmittag. Ich meditiere niemals direkt nach einer Mahlzeit, denn das funktioniert nicht gut. Versuchen Sie, 30 Tage lang mindestens einmal täglich zu meditieren, dann wird es Teil Ihres Alltags geworden sein.

gen hinsichtlich der zu verrichtenden Arbeiten zu treffen.

Es gibt viele unterschiedliche Meditationswege und viele haben zwar traditionell einen religiösen Hintergrund, heute aber nichts mehr mit Religion zu tun. Ganz weltliche Techniken sind z. B. die Benson-Meditation, transzendentale Meditation (TM), die ich praktiziere, Stressbewältigung durch Achtsamkeit (MBSR, Mindfulness-based stress reduction) und progressive Muskelentspannung (PME).

KAPITEL 4

DAS BESTE AUS DER SENSE HERAUSHOLEN

Sensen sind so konstruiert, dass der mittlere Teil des Sensenblattrückens während des gesamten Schwungs immer direkt am Boden bleibt. Ein gängiges Missverständnis ist, dass das Sensenblatt beim Schwung vom Boden abgehoben wird und dann von oben quasi in den Boden hackt, wobei das Gras nur auf kleinster Fläche dort gemäht wird, wo das Blatt den Boden kurz berührt. Das ist definitiv falsch! Jedes Abheben des Sensenblatts vom Boden ist nicht nur Energieverschwendung, die Menge gemähten Grases pro Schwung wird auch deutlich reduziert, was den Energieaufwand für das Mähen einer vorgegebenen Fläche deutlich erhöht.

Das Sensenblatt wird stets dicht am Boden gehalten und mit halbkreisförmigen Schwüngen durch das Gras bewegt. Wenn der Anstellwinkel – der Winkel zwischen Sensenblatt und Sensenbaum, der am Verbindungspunkt eingestellt wird – so gewählt würde, dass die Schneide des Sensenblatts genau senkrecht auf das Gras trifft, wird dieses lediglich umgelegt, unabhängig von der Schärfe der Schneide. Stellen Sie sich vor, Sie würden ein weiches Hefebrot mit einem Brotsägemesser schneiden wollen und dabei lediglich mit der Messerschneide von oben auf das Brot drücken. Sie würden das Brot nur plattdrücken, aber nicht vernünftig schneiden. Um das Brot zu schneiden, müssen die Sägezähne des Messers darauf vor- und zurückbewegt werden. Um Gras zu schneiden, muss der Anstellwinkel so gewählt werden, dass das Sensenblatt in das Gras hineinschneidet und sofort hindurchgleitet.

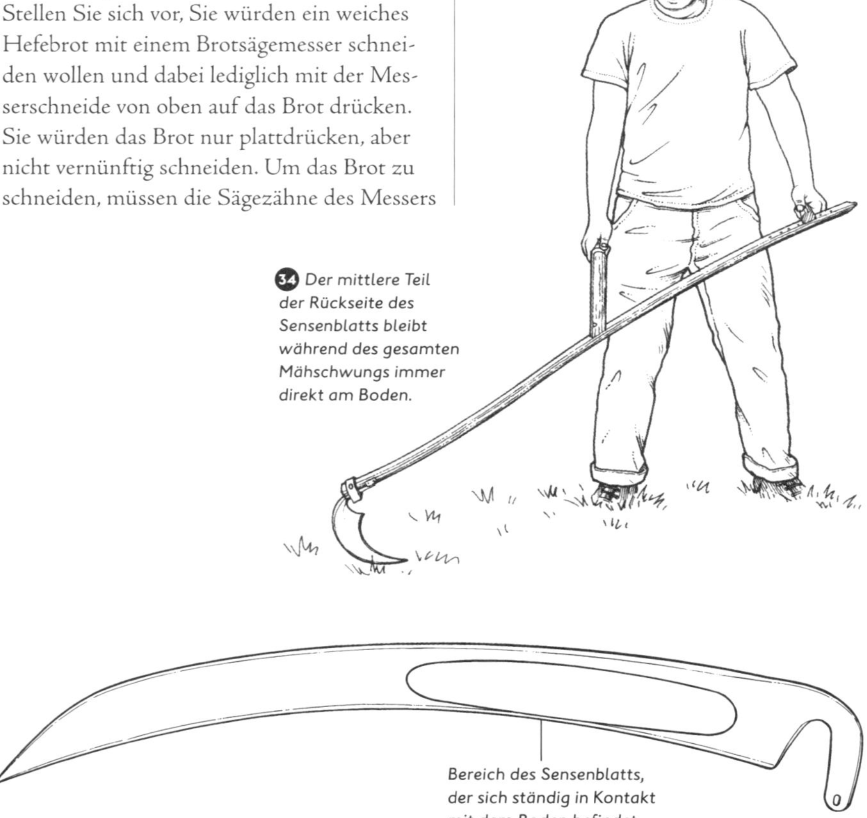

34 Der mittlere Teil der Rückseite des Sensenblatts bleibt während des gesamten Mähschwungs immer direkt am Boden.

Den Anstellwinkel optimieren

Wenn der Anstellwinkel so gewählt ist, dass die Sense perfekt im Zirkel steht (d. h. Bart und Spitze sind im gleichen Radius), gleitet das Sensenblatt parallel zum Mähschwung durch das Gras. Es hängt von der jeweiligen Sense ab, ob es noch herein- oder hinausgestellt werden muss. Hereinstellen der Spitze bewirkt, dass der Anstellwinkel verkleinert wird. Die Schnittbreite ist dadurch gering, da das Gras nur direkt unter dem Sensenblatt gemäht wird. Die Sense schneidet dann aber leichter. Umgekehrt vergrößert man beim Hinausstellen den Anstellwinkel. Die Schnittbreite wird größer, theoretisch kann bei jedem Schwung mehr Gras gemäht werden. Dennoch ist die Sense schwieriger durch das Gras zu führen und das Risiko ist groß, das Gras nur umzulegen, statt zu schneiden. So muss man also versuchen, sich an das persönliche Optimum heranzutasten. Der perfekte Anstellwinkel wird umso wichtiger, je länger das Sensenblatt ist, da die Spitze bei einem längeren Sensenblatt bei gleichem Winkel weiter vom Zirkel absteht als bei einem kürzeren.

Spielen Sie beim Mähen mit verschiedenen Anstellwinkeln. Mähen Sie eine Minute lang mit der Spitze vier bis sechs Fingerbreit unterhalb des Barts. Dann mit zwei bis drei Fingerbreit unterhalb des Barts. Dann wählen Sie Bart und Spitze im gleichen Radius und wechseln dann noch zu zwei bis drei Fingerbreit oberhalb des Barts. Schleifen/wetzen Sie die Sense bei jeder Winkeländerung, damit Sie sicher sein können, dass eine Veränderung, die Sie fühlen, nicht auf eine veränderte Schneidenschärfe zurückzuführen ist. Fühlen Sie, ob Sie bei einer bestimmten Winkeleinstellung effektiver und effizienter mähen oder nicht?

Das Zusammenspiel von Sense und Gras

Wenn Sie mit einem Sparschäler eine Möhre schälen, ist der Schälvorgang eine Kombination aus dem Druck auf die Schneide und dem Widerstand, den die Hand, die die Möhre hält, dem entgegensetzt. Ein ähnliches Verhältnis besteht zwischen der Form der Sense – mit der Schneide, die sich beim Mähen leicht nach oben windet – und den im Boden verwurzelten Grashalmen.

Die sich bewegende Schneide kommt mit dem fest verankerten, im Idealfall feuchten Grashalm (die Spannung der Wasseroberfläche erhöht die Reibung) in Berührung, welcher durch das Eindringen der Sense straff gespannt wird. Da der Widerstand der Graswurzeln deutlich größer ist als der Druck, den das rasiermesserscharfe Sensenblatt auf das Gras ausübt, wird dieses eher abgeschnitten als entwurzelt.

Das ist der Idealfall. Variablen sind die Bewegung der Sense, der Anstellwinkel, Form und Schärfe des Sensenblatts sowie Feuchtigkeitsgrad, Beschaffenheit, Position und Länge der Grashalme. Wenn all diese Faktoren harmonisch aufeinander abgestimmt sind, geht das Mähen mit enormer Leichtigkeit voran, die selbst erfahrene Mäher auch nach vielen Jahren noch verblüfft und begeistert.

KAPITEL 5

SENSENBLATTPFLEGE: PERFEKTES WETZEN

Das Sensenblatt durchschneidet mit jedem Schwung Hunderte von Grashalmen, sodass die ultrafeine Schneide irgendwann stumpf und die Arbeit zu anstrengend wird. Obwohl das Sensenblatt dann immer noch enorm scharf ist, muss es geschärft werden, damit die Schneide durch das Gras gleitet wie ein heißes Messer durch Butter.

Eine Sense schärft man durch gezieltes Entlangstreichen an der Schneide mit einem Wetzstein. Unebenheiten und stumpfe Bereiche werden geglättet und die Rasiermesserschärfe wiederhergestellt. Den Vorgang nennt man Wetzen.

Wann gewetzt wird

Wenn das Mähen schwerer fällt und es nicht mehr ausreicht, nur den Rumpf zu bewegen, sondern Arme und Schultern ebenfalls gefordert sind, sollte gewetzt werden. Das wird etwa alle fünf bis zehn Minuten der Fall sein, hängt aber sowohl von Ihrer Routine ab als auch von der Beschaffenheit des zu mähenden Materials und von der Qualität der Sense. Vor und nach dem Dengeln der Sense sollte ebenfalls gewetzt werden.

Die Versuchung mag groß sein, einfach den Kopf in den Sand zu stecken und das Mähen durchzuziehen, mit möglichst wenigen Pausen in der irrigen Annahme, dass häufiges Wetzen die Mähzeit verlängert und das Mähen auch nicht wirklich leichter dadurch wird. Nun, nach meiner Erfahrung ist das Gegenteil der Fall: Durch zu seltenes Wetzen dauert es nicht nur länger, eine bestimmte Fläche zu mähen, es verringert auch die Qualität des Schnitts, sorgt darüber hinaus für Frustration und im schlimmsten Fall für Verletzungen. Das wiederum kann Ihnen die Freude am Mähen verleiden, sodass Sie womöglich über kurz oder lang doch auf eine andere Art des Mähens zurückgreifen. Zu seltenes Wetzen führt zu einem Teufelskreis aus Ineffizienz und Frustration. Hören Sie auf Ihren Körper und schleifen Sie so oft, wie es nötig ist, um die Arbeit angenehm, effektiv und effizient zu gestalten.

Der richtige Wetzstein

Harte Naturwetzsteine arbeiten nahezu völlig ohne Abrieb. Sie schärfen lediglich nach und bessern kleine Unebenheiten durch Kontakt mit kleinen Steinen und holzigen Pflanzenstielen beim Mähen aus. Für das Mähen von weichem Gras sollte das Sensenblatt möglichst dünn gedengelt sein.

Weiche Naturwetzsteine arbeiten mit minimalem Abrieb, wobei leichte Deformierungen der Schneide ausgeglichen und die Glätte wiederhergestellt wird. Um kräftigeres oder trockeneres Gras zu mähen, sollte das Sensenblatt etwas weniger dünn als bis zum Maximum gedengelt werden.

Feine künstliche Wetzsteine weisen nur einen geringfügig größeren Abrieb auf als weiche Naturwetzsteine. Sie werden für das Mähen von etwas gröberem Gras eingesetzt.

Künstliche Wetzsteine von mittelfeiner Qualität arbeiten mit stärkerem Abrieb, sodass relativ viel Material von der Schneide abgetragen wird. Man setzt sie bei Busch- oder Grassensen ein, die für die Getreidemahd, für Nesseln oder andere starkstämmige Pflanzen zum Einsatz kommen.

Künstliche Wetzsteine von grober Qualität haben den größten Abrieb. Sie sind in der Lage, sehr viel Material von der Schneide des Sensenblatts abzutragen. Sie werden für Buschsensen verwendet.

Natürliche und künstliche Wetzsteine

Wetzsteine werden aus Natursteinen oder aus Kunstharzen und Schleifmitteln hergestellt. Natursteine müssen zum Wetzen nass sein und werden beim Mähen in Wasserbehältern (Kumpf) am Gürtel mitgeführt. Wetzsteine aus Buntsandstein können auch trocken verwendet werden. Auch künstliche Wetzsteine können trocken verwendet werden, sollten aber eher nass eingesetzt werden, was die Lebensdauer des Wetzsteins und des Sensenblatts verlängert.

Für das Mähen von Gras eignen sich Natursteine am besten, da der Abrieb geringer ist als bei künstlichen und somit weniger Material von der Schneide des Sensenblatts abgetragen wird. Die Kante wird dadurch feiner und schärfer, was zum Mähen von zartem, fleischigem Gras erforderlich ist. Ein harter Wetzstein aus Schiefer oder Granit ist optimal. Für sprödes, eher holziges Gras und Wiesenblumen eignet sich ein Stein aus weichem Schiefer oder Sandstein.

Kunstwetzsteine verwendet man für das erste grobe Schleifen eines Grassensenblatts, das lange nicht gedengelt wurde (dem sollte dann umgehend ein Feinschliff mit Naturwetzstein folgen) oder für dicke, härtere Buschsensen, die keine besonders feine Schneide erfordern und bei denen ein größerer Abrieb durch das Schleifen empfehlenswert ist. Verwenden Sie bitte keinen Kunstwetzstein für eine gut gedengelte Grassense, denn der Abrieb ist zu groß, ruiniert somit die Schneide und Sie müssen neu dengeln. Kunstwetzsteine erhält man in feinen, mittleren und groben Qualitäten, außerdem gibt es zweiseitige, mit einer feinen und einer groben Seite.

Wetzen Sie, so oft es nötig ist, um leicht und effizient zu mähen.

Technik des Wetzens

35 Vor dem Wetzen müssen Pflanzenrückstände vom Sensenblatt entfernt werden. Dazu wischt man mit einem Grasbündel vom Bart zur Spitze über den Rücken.

Die Schleifmethoden sind regional unterschiedlich und auch recht individuell. Manche legen das Ende des Sensenblatts auf ihre Knie mit aufwärts zeigender Spitze; andere schieben den Sensenbaum unter ihren Arm, das Sensenblatt zeigt dabei zum Boden … Ich beschreibe hier die österreichische Variante, die in meinen Augen die leichteste und sicherste ist.

Unabhängig von der gewählten Methode, geht dem Wetzen immer die Reinigung des Sensenblatts voraus 35. Ein mit Pflanzenresten oder -säften und Erde verschmutztes Sensenblatt kann nicht vernünftig über die Länge geschärft werden. Das Sensenblatt würde Schaden nehmen, es wäre ungleichmäßig geschärft und würde sich dadurch möglicherweise verziehen oder einreißen. Pflanzensaft und Erde verunreinigen und verschmieren auch den Wetzstein, wodurch effektives Schärfen ebenfalls unmöglich wird. Falls der Wetzstein einmal verunreinigt ist, legen Sie ihn für zwölf Stunden in ein Wasser-Essig-Gemisch.

Um das Sensenblatt zu reinigen, halten Sie die Sense senkrecht, das Sensenblatt ist

36 *Beim Wetzen wird das Sensenblatt am Rücken festgehalten.*

oben, das andere Ende des Sensenbaums steht auf dem Boden oder auf Ihrem Fuß. Die rechte Hand hält den Sensenbaum. Mit der linken Hand legen Sie jetzt eine Hand frisch gemähtes Gras über den Rücken und die Seiten des Sensenblatts. Drücken Sie das Gras zusammen und ziehen Sie es am Sensenblatt entlang bis zur Spitze (ohne die Schneide zu berühren).

Schleifen beinhaltet drei Aspekte: Position der Sense, Position des Wetzsteins, Führung des Wetzsteins am Sensenblatt entlang.

Den Sensenbaum senkrecht halten, das Sensenblatt ist oben und zeigt nach links. Das andere Ende des Sensenbaums steht auf dem Boden, oder, um es sauber und trocken zu halten, auf Ihrem rechten Fuß. Das Sensenblatt wird mit der linken Hand am nach oben gerichteten Rücken gehalten (nicht an der Schneide) 36.

Die korrekte Handhabung des Wetzsteins ist entscheidend für Ihre Sicherheit. Umfassen Sie ihn am unteren Ende und legen Sie den Daumen unter den Zeigefinger 37. Das

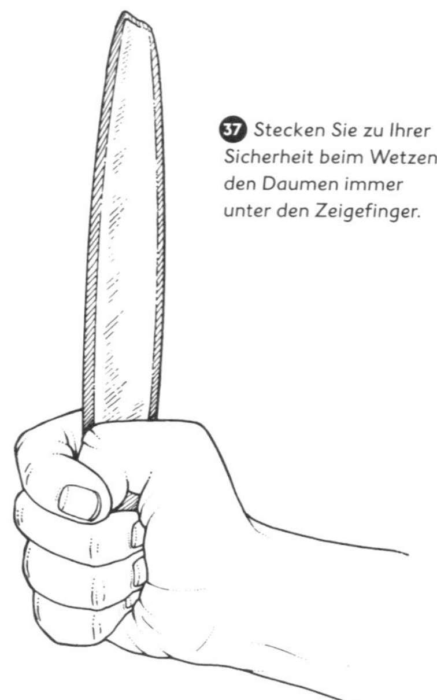

37 Stecken Sie zu Ihrer Sicherheit beim Wetzen den Daumen immer unter den Zeigefinger.

38 Nähern Sie den Winkel an die Abschrägung der Schneidenkante an. Der obere Teil des Wetzsteins befindet sich hinter dem Rücken des Sensenblatts.

Einschließen des Daumens ist essenziell, um ihn von der Schneide des Sensenblatts fern zu halten und somit Verletzungen zu vermeiden.

Wetzen bedeutet Schärfen der Schneide und Ausgleichen kleiner Unebenheiten. Grobe Verformungen werden so nicht beseitigt. Der Wetzstein gleitet mit nur wenig Druck über die Schneide. Am sichersten und einfachsten macht man das mit wenigen kurzen Strichen (nicht mit jeweils einem langen Zug). Das Wetzen wird abwechselnd an der Unter- und Oberseite des Sensenblatts vorgenommen, ausgehend vom Bart bis zur Spitze. Der Grund dafür ist, dass die Schneidenkante über mikroskopisch kleine Sägezähne verfügt. Diese «Zähne» müssen so klein wie möglich gehalten und in Richtung Spitze (also dem Gras entgegen) ausgerichtet sein, um das Schneiden zu optimieren.

Zu Ihrer Sicherheit sollten Sie jeden Strich nicht nur direkt am Sensenblatt entlang, sondern auch vom Blatt weg (nach unten) führen 38 39. Während Sie sich an der Schneide entlang zur Spitze hinarbeiten, wird jeder Strich so von der Schneide weggeführt. Dadurch müssen Sie nur einmal pro Strich darauf achten, dass Ihre Hand sicher ist. Wenn der obere Teil des Wetzsteins den Rücken des Sensenblatts berührt, haben Sie Ihre Hand zu hoch angesetzt (Gefahr!) und führen den Wetzstein nicht im optimalen Winkel zur Schneide.

Es ist wichtig, den Wetzstein im gleichen Winkel zu führen, wie die Schneidenkante der Sense verläuft. Das Sensenblatt ist einseitig abgeschrägt. Der Wetzstein sollte also entlang der Schneidenunterseite parallel und an der Oberseite in einem leichten Winkel (der Abschrägung entsprechend) geführt werden.

39 Beim Wetzen wird der Wetzstein gleichzeitig in Richtung Spitze und weg von der Schneidenkante bewegt. So werden Sie niemals mit Ihrer Hand an der Schneide entlangschleifen.

Arbeiten Sie sich langsam vom Bart zur Spitze mit kurzen Strichen vorwärts, verändern Sie im Bedarfsfall die Position, mit der Sie das Sensenblatt in Ihrer linken Hand halten. Bei dieser Vorgehensweise wird jede Stelle der Schneide einige Male mit dem Wetzstein in Berührung gekommen sein, wenn die Spitze erreicht ist. Achten Sie an der Spitze besonders auf den Winkel des Wetzsteins, denn dort ist das Sensenblatt so schmal, dass es schwierig sein kann, den Winkel der Abschrägung einzuschätzen. Wenn das Mähen nach dem Wetzen nicht deutlich besser geht, sollten Sie die Prozedur mit mehr Druck wiederholen.

Halten Sie Ihren Wetzstein nass und tragen Sie ihn beim Mähen stets bei sich in einem Kumpf. Wenn das Wasser sehr hart ist, fügen Sie dem Wasser etwas Essig hinzu.

Jeder Strich mit dem Wetzstein sollte immer von der Schneidenkante wegführen.

KAPITEL 6 SENSENBLATTPFLEGE: DAS DENGELN

Mähen und Wetzen nutzen die Schneidenkante des Sensenblatts nach und nach ab. Wenn sie sich nicht mehr ausreichend schärfen lässt oder sie nicht lange scharf bleibt, ist es an der Zeit zu dengeln. Dengeln ist eine Verjüngung der Schneidenkante durch Kalthämmern auf einem Amboss, wobei Material aus dem Sensenblatt ausgetrieben und gehärtet wird. Wie oft es tatsächlich erforderlich wird, hängt von der Beschaffenheit des zu mähenden Grüns ab – so gibt es holzhaltige, grobe Pflanzen oder weiches, fleischiges Gras. Spätestens nach zehn bis zwölf Stunden Mähen wird Dengeln zwingend notwendig. Vielleicht empfinden Sie es auch als einfacher und schneller (und dennoch sorgfältig), alle zwei bis fünf Stunden zu dengeln. Häufigeres Dengeln bringt Routine, wodurch es immer schneller und besser von der Hand geht. In Abhängigkeit von der Länge des Sensenblatts reichen hierfür 10–15 Minuten aus.

Je mehr das Dengeln in die Routine des Mähens integriert wird, umso weniger empfindet man es als Extraaufgabe. Mähen Sie einfach ein paar Stunden am Morgen, wenn noch Tau auf dem Gras liegt, dann dengeln Sie Ihre Sense 15 Minuten und hängen sie weg.

Es ist offensichtlich, dass man wissen muss, wie man mit einer Sense mäht, damit man sie sinnvoll einsetzen kann. Weniger offensichtlich ist vielleicht, wie wichtig es ist, dass die Sense immer scharf ist! Effizientes Mähen mit der Sense ist die Kombination aus einer geschmeidigen und korrekten Mähtechnik, einem optimal eingestellten Sensenbaum und einer rasiermesserscharfen Schneide. Wenn Sie nicht in der Lage sind, die Schneide selbst zu schärfen, wird die Mühelosigkeit des Mähens mit der Sense bald verschwinden und die Arbeit wird zu einer lästigen Pflicht. Dann werden Sie nachlässig oder sich womöglich verletzen, auch wenn Ihre Mähtechnik optimal ist.

Wann gedengelt wird

Mit der Zeit nutzt sich das Material der Schneide durch Mähen und Wetzen ab. Einzige Möglichkeit, der Schneide ihre Schärfe zurückzugeben, ist dann das Dengeln. Dabei wird Material aus dem Metallkörper des Sensenblatts entlang der Schneide durch Kaltschlagen zu einer dünnen, scharfen Schneide ausgetrieben und für den weiteren Gebrauch geschärft und gehärtet. Man verwendet dafür Dengelhammer und -amboss. Es wird dreimal über die gesamte Schneidenlänge gedengelt. Beim ersten Mal wird das Material ausgetrieben, beim zweiten Mal weiter in Richtung Schneide gebracht und die Abschrägung geformt, beim dritten Mal wird die Schneide geschärft 40. Das Kaltschlagen verdichtet die Molekülstruktur des Schneidenmaterials, d.h., das Dengeln verbessert die Qualität der Schneide. Eine gute Schneide sollte sehr dünn und sehr scharf sein, sich nicht zu schnell abnutzen und leicht mit dem Wetzstein zu schleifen sein.

40 Auswirkungen des Kalthämmerns auf das Sensenblatt

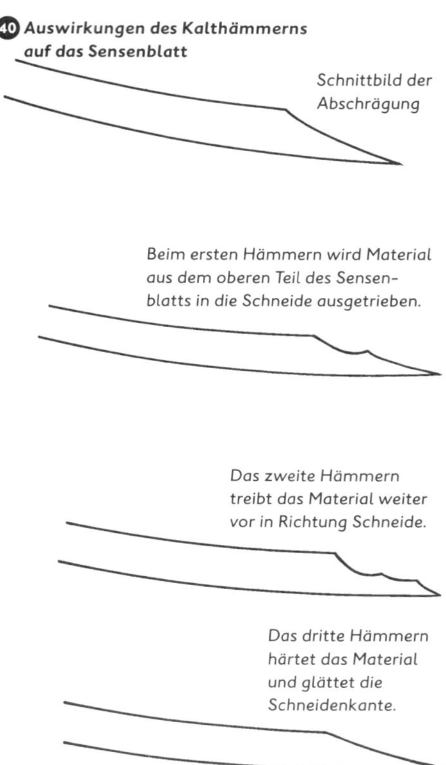

Ursprünglich wurden Sensen ausschließlich geschmiedet, aber heute werden sie auch gestanzt oder geprägt. Geschmiedete Sensen sind generell von höherer Qualität: Sie sind leichter, dünner, weniger spröde und lassen sich besser schärfen. Sie sind natürlich auch entsprechend teurer.

Im Idealfall besteht die Sense aus Stahl mit einem Kohlenstoffanteil von 0,7–0,8 %. Je höher der Kohlenstoffgehalt im Stahl (1 % Kohlenstoff oder mehr), umso härter und spröder ist das Material. Gestanzte Sensen sind oft dick und aus Stahl mit hohem Kohlenstoffanteil, wodurch Dengeln ohne Haarrisse nahezu unmöglich ist. Ein ideales Sensenblatt verfügt über eine scharfe Schneide, ermöglicht Mähen ohne große Anstrengung und bleibt lange scharf. Die mit einer Sense zu erzielende Qualität des Mähens hängt zu einem großen Teil von der Stahlhärte ab sowie von Qualität und Schärfe der Schneide und der Form des Sensenblatts. Ist das Sensenblatt zu weich, wird sich die Schneide zu schnell abnutzen, ist es zu hart, werden Dengeln und Wetzen schwierig. Ein Sensenblatt, das die Schärfe länger hält, bedeutet selteneres Wetzen und damit insgesamt weniger Zeitaufwand.

Das Sensenblatt vorbereiten

Dengeln funktioniert am besten, wenn das Sensenblatt sauber, gleichmäßig und noch einigermaßen scharf ist, wenn keine Verkrümmungen oder Kerben vorhanden sind und es eine normale Form aufweist. Vor dem Dengeln sollte daher zunächst mit einem Wetzstein geschliffen, Kerben ausgefeilt und Verformungen ausgeglichen werden. Die gesamte Schneide sollte dann noch mit einem Schleifschwamm, Sandpapier oder einem Trennschleifer (mit Schleifscheibe) bearbeitet werden. Arbeitet man mit einem Trennschleifer, müssen die Schleifschübe möglichst kurz sein, um das Sensenblatt nicht über 100 °C zu erhitzen, da es sonst seine Härtung verliert.

Hammer, Amboss, Spannvorrichtung

Es gibt drei grundlegende Dengelmethoden: mit schmalem Amboss und breitem Hammer, mit flachem (breitem) Amboss und schmalem Hammer und mit einer speziellen Spannvorrichtung. Arbeitet man mit schmalem Amboss (steiermärkische Variante), muss man sehr vorsichtig sein beim Positionieren des Sensenblatts auf dem Amboss, dafür müssen die Hammerschläge nicht besonders exakt sein. Verwendet man einen flachen Amboss (oberösterreichische Variante), verhält es sich umgekehrt: Man muss sich keine großen Gedanken über die Position des Sensenblatts auf dem Amboss machen, wohl aber müssen die Hammerschläge überaus exakt gesetzt werden. Nimmt man eine Spannvorrichtung, muss man sich insgesamt nicht sonderlich viele Gedanken über die Vorgehensweise machen, aber die Resultate sind auch entsprechend schlecht. Außerdem muss man eine sehr spezielle Ausrüstung anschaffen. Gute Gründe für mich, niemals eine Spannvorrichtung zu verwenden.

Letztendlich ist es egal, wie Sie beim Dengeln vorgehen, solange es keine zu große körperliche Anstrengung mit sich bringt und das Resultat eine scharfe, langlebige und gleichmäßige Schneide ist, ohne «Zähne» oder Verformungen. Ich persönlich bevorzuge die steiermärkische Variante des Dengelns, schmaler Amboss, breiter Hammer, da es mir leichtfällt, das Sensenblatt langsam und gleichmäßig über den schmalen Amboss zu ziehen und dabei darauf zu achten, dass ich sie optimal positioniere. Beim Hämmern muss ich dann nur darauf achten, vertikal und ausreichend stark zu schlagen. Die detaillierte Beschreibung der Vorgehensweise im Folgenden entspricht daher auch der steiermärkischen Variante.

Den Arbeitsplatz einrichten

Ambosse zum Dengeln werden in ein unterstützendes Element eingebettet, um die Schlagkraft des Hammers abzufangen und der dengelnden Person die Arbeit angenehm zu gestalten. Ein Holzklotz, der von den Füßen bis etwa auf Kniehöhe reicht, oder ein dicker Rundschnitt aus einem Baumstamm sind kostengünstige Lösungen. Auch ein Betonklotz/Steinblock mit entsprechenden Abmessungen eignet sich. Mit Hammer und Meißel wird ein keilförmiges Loch von etwa 4 cm Durchmesser in den Stein geschlagen und der Amboss mithilfe von Holzspänen (idealerweise von Weiden) in dem Loch verkeilt. Alternativ kann der Amboss mit einem Gummi- oder Holzhammer direkt in das Loch hineingetrieben werden, wobei ein Stück Holz zwischen Hammer und Amboss gelegt wird, um den Amboss nicht zu beschädigen **41**.

Man sitzt auf einem Stuhl oder Holzklotz, die Beine nach Möglichkeit im 90°-Winkel gebeugt **42**. Halten Sie das Sensenblatt mit dem Rücken in Ihrer linken Hand und stabilisieren Sie es auf Ihrem rechten Bein.

Die für das Dengeln benötigte Zeit hängt davon ab, wie gut die Qualität des Metalls ist, wann zuletzt gedengelt wurde, wie lang das Sensenblatt ist und wie kompetent die Person, die das Dengeln ausführt. Zum Dengeln eines 60 cm langen Sensenblatts, das erst wenige Tage zuvor gedengelt wurde und keine Schäden aufweist, benötigen Sie, wenn Sie wissen, wie man sicher und effizient dengelt, lediglich 10 Minuten. Wollen Sie ein 90 cm langes Sensenblatt dengeln, dessen letzte Bearbeitung schon lange her ist und das ein paar Zähne aufweist, kann die Arbeit schon eine Stunde oder auch mehr in Anspruch nehmen.

41 *Der Amboss wird mit einem Gummihammer in den Holzklotz eingetrieben oder, wenn ein Eisenhammer verwendet wird, mit einem zwischengelegten Holzstück zum Schutz des Ambosses.*

42 *Grundposition beim Dengeln. Das Sensenblatt wird mit der linken Hand positioniert und liegt dabei auf einem Bein.*

Technik des Dengelns

Beim ersten Durchgang des Dengelns wird das Sensenblatt so auf dem Amboss positioniert, dass es dessen Spitze so weit überragt, wie Material ausgetrieben werden soll. Normalerweise sind das 4 mm, was der Breite der Schneidenabschrägung entspricht (44). Wetzen und Schleifen verleihen der Kante so etwas wie ein «mattes Finish». Wenn Sie mit dem Schlagen auf das Sensenblatt beginnen, schimmert es wie eine glänzende Linie, die sich über die gesamte Länge erstreckt und einen guten Kontrast zur matten Kante bildet. Anhand dieser glänzenden Linie lässt sich gut überprüfen, ob man wirklich dort hämmert, wo man will.

Dengelhammer und -ambosse sind an allen Seiten leicht gerundet, sodass jeder Schlag nur einen sehr kleinen Teil der Kante des Sensenblatts trifft. So führt ein Fehlschlag nur zu einem relativ kleinen Schaden.

Das Sensenblatt wird mit dem Körper zugewandter Schneide auf halber Höhe des Barts parallel zum Boden mittig auf dem Amboss positioniert, dabei überlappt es die Spitze des Ambosses um ca. 4 mm. Das Blatt wird am Rücken mit der linken Hand gehalten (43). Das Hämmern beginnt am Bart, dann arbeitet man sich langsam auf dem Amboss am Sensenblatt entlang von links nach rechts bis zur Spitze. Stellen Sie sicher, dass der Hammer immer im 90°-Winkel auf die Schneide auftrifft. Die Kante des Sensenblatts sollte sich während des Dengelns nicht Ihrem Körper annähern und auch nicht weiter von ihm entfernen.

Ziel ist es, so kräftig auf das Sensenblatt zu schlagen, dass eine glänzende Markierung entsteht. Der Schlag muss ausreichend stark sein, um Material aus dem über der Schneide befindlichen Teil der Sense geringfügig

(43) *Entscheidend für perfektes Dengeln ist die richtige Position des Sensenblatts auf dem Amboss.*

nach unten hin auszutreiben, muss aber auch ausreichend sanft sein, um keine Risse zu verursachen, und muss darüber hinaus über die gesamte Länge des Sensenblatts gleichmäßig ausgeführt werden, um keine Verformungen hervorzurufen.

Man sollte daher insgesamt eher vorsichtig beginnen. Probiert man die gedengelte Sense aus und sie ist nicht wesentlich schärfer als zuvor, muss man den Vorgang mit etwas härteren Schlägen wiederholen.

Nach Abschluss der ersten «Reihe» von Hammerschlägen, die sich auf dem Sensenblatt als kontinuierliche Linie entlang der Schneide zeigen sollten, beginnt man am Bart wieder von vorn, dieses Mal aus einer Position, die etwas dichter an der Schneidenkante liegt. Dazu legt man die Kante etwas dichter an der Spitze des Ambosses auf 45. Das aus dem Sensenblatt ausgetriebene Material wird so weiter in die Schneide verschoben und verteilt. Nach der zweiten Reihe wird noch ein drittes Mal gehämmert, jetzt direkt auf der Schneidenkante, die man dazu nun genau auf der Spitze des Ambosses positioniert 46. Das dritte Schlagen härtet das Schneidenmaterial aus und sorgt für maximale Schärfe und Haltbarkeit.

Nach dem Dengeln wird die «Nagelprobe» durchgeführt. Dazu drückt man mit dem Fingernagel leicht von unten gegen die Schneidenkante. Ein ausreichend scharfes Sensenblatt wird bei ein wenig Druck etwas nachgeben. Das sollte die Standardschärfe beim Heumachen sein. Eine weitere Möglichkeit, die Schärfe zu überprüfen, besteht darin, das Sensenblatt mit Daumen und Zeigefinger oder Mittelfinger zu umschließen und dann vorsichtig von der Mitte aus in Richtung Schneidenabschrägung zu gleiten und dabei die Verjüngung des Materials zu fühlen. Eine optimal gedengelte Sense sollte sich gleichmäßig von der vollen Dicke bis hin zu 4 mm Metall der Schneidenabschrägung verjüngen. Um gröberes Material wie Nesseln oder Kleingetreide zu mähen, ist eine derart scharfe Sense allerdings nicht ausreichend stabil, sodass sie früher oder später Schaden nehmen wird (vermutlich früher). Für solches Mähgut wird so gedengelt, dass die abgeschrägte Kante der Schneide etwas schmaler und somit etwas dicker ist. Die Nagelprobe funktioniert dann nicht. Alternativ kann eine Grassense verwendet werden, die eigentlich gedengelt werden müsste, die aber in diesem Fall nur mit einem groben Kunstwetzstein gewetzt wird.

Für den ersten Dengelversuch sollte ein weniger hochwertiges Sensenblatt oder ein Stück Blech verwendet werden, bevor Sie Ihr gewünschtes Blatt dengeln, um feststellen zu können, welchen Ansprüchen Ihre Sense gerecht werden muss. Weicheres Metall biegt sich leichter, härteres Metall erfordert einen stärkeren Schlag, spröderes Metall reißt schneller. Sie müssen nach und nach lernen, mit den unterschiedlichen Qualitäten umzugehen.

Dengelwerkzeug muss sorgfältig behandelt, von Rost, Rissen und Zähnen freigehalten und immer so trocken wie möglich gelagert werden. Die beanspruchten Oberflächen von Hammer und Amboss müssen gelegentlich mit Stahlwolle gereinigt und geglättet und am Ende der Mähsaison zur Überwinterung mit lebensmittelgeeignetem Öl bestrichen werden. Verwenden Sie Ihr Dengelwerkzeug ausschließlich zum Dengeln. Schon kleine Schäden an den Arbeitsflächen von Hammer und Amboss können zu Problemen beim Dengeln führen und Ihrer Sense großen Schaden zufügen.

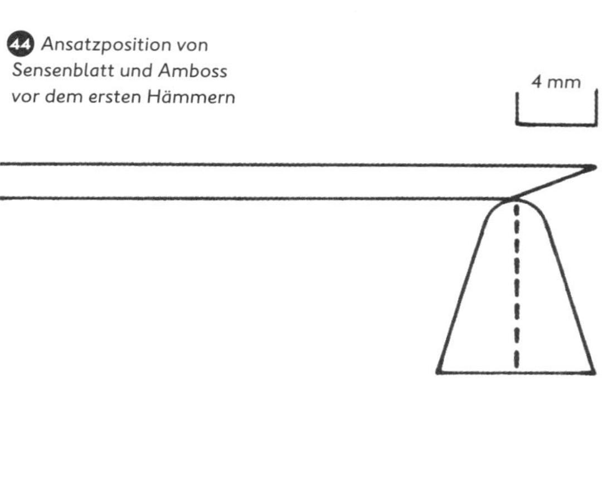

44 *Ansatzposition von Sensenblatt und Amboss vor dem ersten Hämmern*

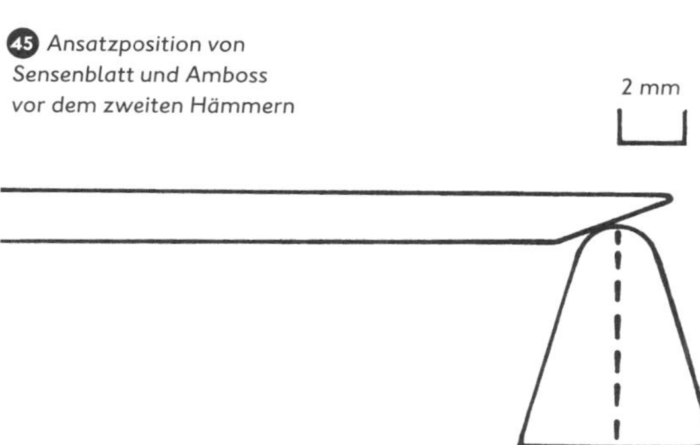

45 *Ansatzposition von Sensenblatt und Amboss vor dem zweiten Hämmern*

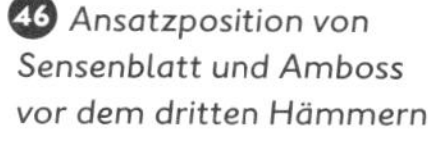

46 *Ansatzposition von Sensenblatt und Amboss vor dem dritten Hämmern*

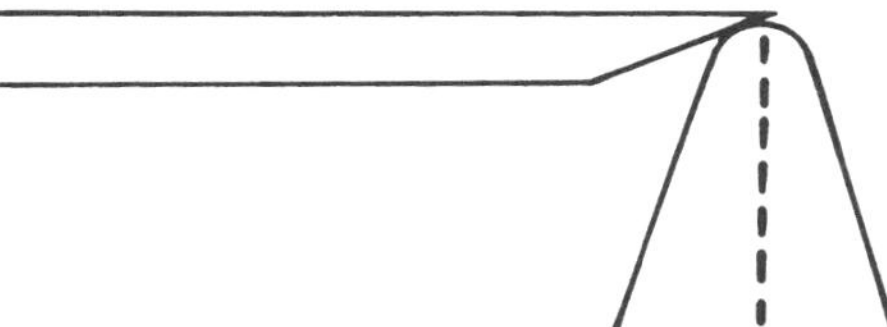

Fehlerbeseitigung

Möglicherweise sind Ihre ersten Dengelversuche nicht besonders erfolgreich. Es ist nicht immer einfach herauszufinden, woran das liegt. Hier die häufigsten Probleme:

- Eine eingedellte oder gebogene Schneidenkante entsteht, wenn das Schlagen beim Dengeln ungleichmäßig stark ausgeführt wurde. Ein Sensenblatt mit einer derartigen Schneide mäht das Gras nicht effektiv. Das ist schlimm genug, aber darüber hinaus legt sie das Gras nur um, wodurch das Mähen noch erschwert wird, selbst wenn dann mit optimaler Sense gearbeitet wird 47.
- Eine zu stark abgeflachte Schneidenkante entsteht, wenn der verwendete Amboss nicht an allen Schlagoberflächen abgerundet ist. An der Schneidenkante des Sensenblatts bildet sich dann eine kleine «Stufe». Eine zu flache Schneidenkante wird durch grobes Mähgut leichter beschädigt als eine gleichmäßig abgeschrägte. Sie lässt sich dann auch nicht mehr effektiv einsetzen, da die «Stufe» das Schärfen mit dem Wetzstein unmöglich macht 47.
- Eine tief ausgezahnte Schneidenkante ist das Resultat zu schnellen Vorgehens beim Dengeln. Dabei entstehen ausgelassene Stellen, d.h., das Sensenblatt ist ungleichmäßig gedengelt. Solche ausgezahnten Kanten schneiden sehr schlecht, außerdem gleiten sie nicht gleichmäßig durch das Gras, was zu größeren Anstrengungen beim Mähen und schlechten Resultaten führt 48.
- Eine verzogene oder gar wellenförmige Schneidenkante entsteht durch zu harte Schläge, bei denen das Material aus dem Sensenblatt zu weit ausgetrieben wird 49. Je wellenförmiger die Kante, umso weniger effektiv sind Wetzen und Mähen. Wellenförmige Kanten lassen sich nahezu gar nicht mehr reparieren, da die Materialspannung verloren gegangen ist, die das Sensenblatt durch das Schmieden bei der Herstellung erhalten hat. Um solche Totalschäden zu vermeiden, sollte das Material des Sensenblatts nicht mehr als 1 mm ausgetrieben werden. Wellen bekommen sehr schnell Haarrisse, die eine Sensenschneide niemals haben sollte und die immer ein Hinweis auf zu harte Schläge beim Dengeln sind.

47 **Sensenblatt nach dem Dengeln**

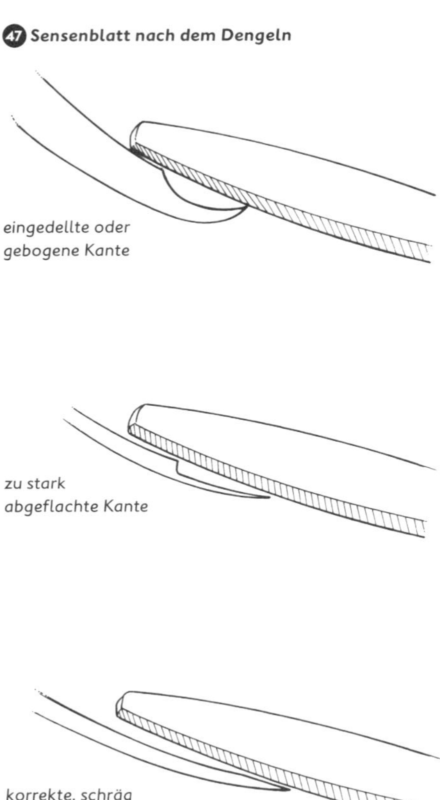

Anfang der Abschrägung

48 tiefe Zahnung der Schneide, entsteht durch Auslassungen beim Hämmern

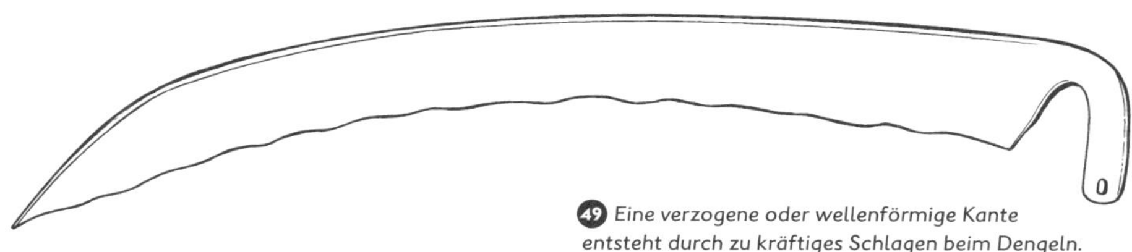

49 Eine verzogene oder wellenförmige Kante entsteht durch zu kräftiges Schlagen beim Dengeln.

Sensenblätter und Schneiden für unterschiedliche Aufgaben

Je gröber und holziger die zu mähenden Pflanzen sind, umso kürzer, robuster und dicker sollten Sensenblatt und Schneide sein. Andererseits erfordert weiches, saftigeres und kürzeres Mähgut (und ebenso eine weichere Bodenoberfläche) ein längeres Sensenblatt mit einer schärfer und dünner gedengelten Schneidenkante.

- Für das Rasenmähen benötigt man die schärfste, dünnste Schneidenkante, die möglich ist, weil das zu mähende Gras sicher recht kurz sein wird, was nicht leicht zu mähen ist. Lassen Sie den Rasen möglichst lang wachsen, sodass Sie mit der Sense ein optimales Resultat erzielen. Sowohl die Anzahl der Hindernisse auf Ihrem Areal wie Wege, Dekorationsartikel und Rasenverzierungen als auch die Beschaffenheit der Bodenoberfläche bestimmen die erforderliche Länge des Sensenblatts.
- Heumachen ist eine weitere Aufgabe, die eine äußerst scharfe und sehr dünne Schneidenkante erfordert. Wenn Gras und Klee auf dem Heufeld Beimischungen von gröberen Pflanzen enthalten, sollte die Schneidenkante etwas weniger empfindlich sein. Arbeiten Sie dann Ihren Fähigkeiten beim Sensen entsprechend und in Abhängigkeit von der Bodenbeschaffenheit mit einem möglichst langen Sensenblatt.

- Rabatten- oder Randbepflanzungen mit Gräsern oder Kräutern weisen holzigere und gröbere Halme auf als die weichen Rasen- und Heupflanzen. Vielleicht möchten Sie auch speziell für Tee oder Tinkturen angepflanzte Kräuter (z.B. Brennnessel oder Kamille) als ganze Pflanze ernten. Derartige Pflanzen beschädigen eine zu dünn ausgetriebene Sensenkante, deshalb sollte das Dengeln entsprechend darauf ausgelegt sein. Das erreicht man, indem die Schneide entweder nur zwei Hammerschlagdurchgänge erhält (einen zum Austreiben von Material, einen zum Aushärten) oder indem man die ersten beiden Durchgänge weniger hart schlägt, um den Materialaustrieb in die Schneide zu reduzieren. Wenn Sie regelmäßig gröbere Pflanzen mähen, sollten Sie ein schwereres und robusteres Sensenblatt bevorzugen. Grobe Pflanzen zu mähen, ist sehr anstrengend, deshalb wird man sowohl den Vorschub als auch die Schwunglänge verkürzen und somit ein kürzeres Sensenblatt verwenden.
- Entfernen von Schösslingen und Unterholz erfordert kurze, robuste Buschsensen, deren Schneide auf maximale Robustheit und Haltbarkeit gedengelt werden muss, d.h., sie sollte scharf, aber nicht dünn sein und ausgezogen wie eine Grassense.

Kerben ausbessern

Auch der erfahrenste und aufmerksamste Mäher übersieht bisweilen einen Stein, einen versteckten Schössling, eine Baumwurzel oder auch nur Halme kräftiger Pflanzen, sodass es unweigerlich zu Schäden am Sensenblatt kommt. Mit einer für das Grasmähen geschärften Sense etwas anderes als Gras zu schneiden, kann zu Verbiegungen, Rissen oder Kerben führen.

Einige Schäden lassen sich durch Dengeln reparieren, andere nicht. Je tiefer die Kerbe (die Länge/Breite sind eher nicht relevant), umso schwieriger wird die Reparatur, ab mehr als 5 mm wird es unmöglich. Kerben, die tiefer sind als 5 mm, machen das Sensenblatt unbrauchbar, weil das Gras in den Kerben hängen bleibt.

Um eine Kerbe mit Dengeln auszuschlagen, wird nur an der entsprechenden Stelle des Sensenblatts gedengelt, zuzüglich 2 mm an jeder Seite der Kerbe. Das Prinzip ist, mit einem «ziehenden» Hammerschlag das Material am unteren Teil der Kerbe zu dehnen und auszutreiben und damit quasi die Kerbe «aufzufüllen». Als Erstes kennzeichnet man dafür die Kerbe zu beiden Seiten mit einem Marker **50**.

Da das Material aus dem Sensenblatt nur sehr langsam ausgetrieben werden sollte, muss mehrmals über die gesamte Länge der Kerbe gedengelt werden, bevor genug Material zum Ausgleich ausgetrieben ist. Man sollte versuchen, so viel Material auszutreiben, dass es etwa 1 mm über die Schneidenkante hinausragt (mit der Kante eines Wetzsteins lässt sich das gut prüfen) 51 . Dieses Extra-Material wird dann mit einem groben Kunstwetzstein abgeschliffen, wodurch man erreicht, dass die Kerbe stückweise geschlossen wird. Man fährt fort, immer wieder einen Überstand von 1 mm auszutreiben, dann wieder abzuschleifen, bis die Kerbe vollständig geschlossen ist. Im Anschluss wird dann das gesamte Sensenblatt gedengelt und gewetzt.

Wenn Sie ein älteres, nicht mehr besonders gutes Sensenblatt zum Üben verwenden können, machen Sie eine Kerbe hinein und üben Sie das Ausbessern. Je öfter Sie ein Sensenblatt kalthämmern, umso eher bekommen Sie ein Gefühl für diese Art der Materialbearbeitung.

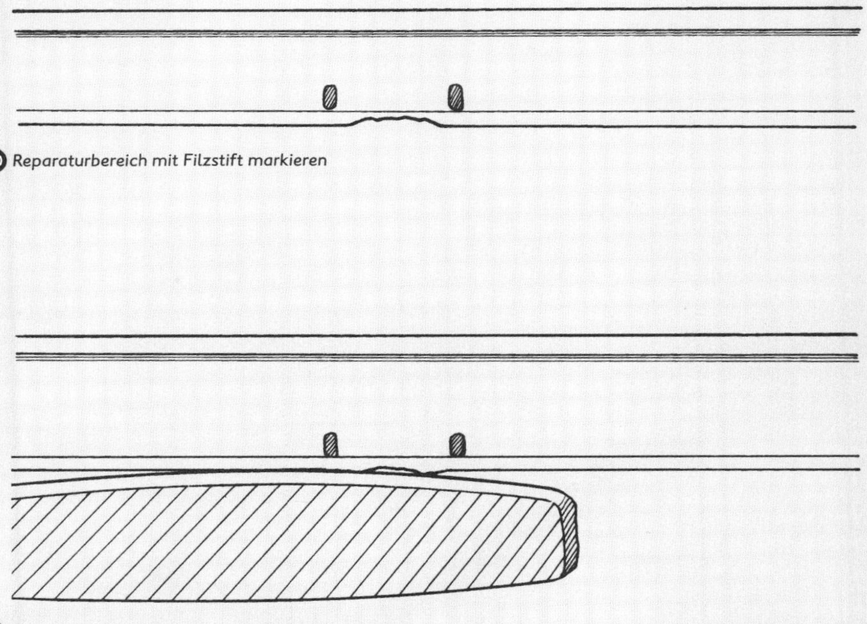

50 *Reparaturbereich mit Filzstift markieren*

51 *Mit einem Wetzstein kann man testen, wie weit das Material über die Schneidenkante hinaus ausgetrieben wurde. Material mit einem groben Wetzstein abschleifen.*

KAPITEL 7 EIN SENSENBLATT SCHMIEDEN

Ihre Begeisterung, grundsätzlich mit der Sense zu mähen, wird von Ihrer Kompetenz beim Mähen, Wetzen und Dengeln abhängen. Das Wissen um das Material des Sensenblatts, wie es hergestellt wird, was es leisten kann und wo die Einsatzgrenzen liegen, wird Ihre Mähtechnik entscheidend beeinflussen. Nicht nur für Ihren Körper und Ihre Ausdauer ist es wichtig, so mühelos wie möglich zu mähen, sondern auch für die Effektivität und Haltbarkeit des Sensenblatts.

Einer der Gründe für mich, dieses Kapitel zu schreiben, ist die Tatsache, dass es hochwertige Sensen nur in den Alpen zu geben scheint. Das würde ich gern ändern. Die derzeitige Situation ist nachvollziehbar: Die ersten Sensen wurden nachweislich in den Alpen gefunden und die heutige moderne alpine Sensenherstellung beruht auf jahrhunderte-, wenn nicht jahrtausendealten Traditionen und Erfahrungen. In Regionen wie den Alpen, den Karpaten und den Pyrenäen ist der Gebrauch der Sense niemals ausgestorben. Vielerorts gibt es dort Einwohner, die mit der Sense ihren Lebensunterhalt verdienen und ganz genau wissen, was die Sense für ihr Leben bedeutet. Anderenorts gibt es ein derartiges kulturelles Erbe nicht, aber ich sehe potenzielle Gelegenheiten für örtliche Schmiede und andere Handwerker, die sich für die Produktion qualitativ hochwertiger, nachhaltiger Nahrungsmittel engagieren. Ich hoffe, dass ich durch die Bereitstellung von detaillierten Informationen zu Geschichte, Hintergrund und Technik so manchen Schmied in anderen Teilen der Welt dazu bewegen und inspirieren kann, Sensen für die Bedürfnisse seiner Region herzustellen.

Der Prozess zur Herstellung erntetauglicher Sensenblätter hat sich über Jahrtausende bis hin zur Agrarrevolution entwickelt. Man kann sagen, dass es derartige Erntewerkzeuge gibt, seit Menschen Nahrungsmittel gezielt anbauen.

Sichelartige Werkzeuge aus der Steinzeit

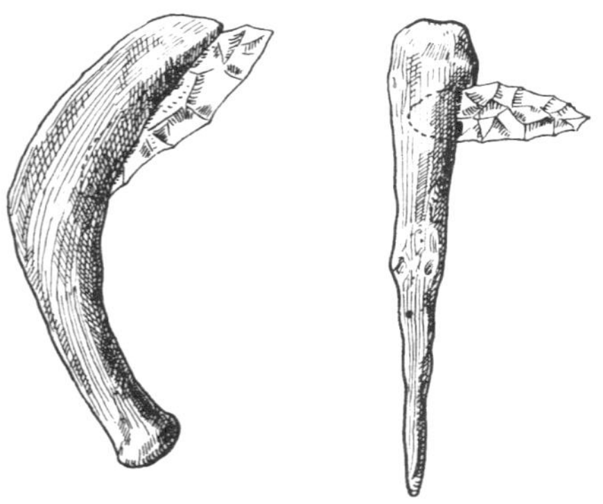

Erste Sensen

In Mitteleuropa wurden sichelartige Werkzeuge mit Holzgriffen und Feuersteinklingen gefunden, die aus der Jungsteinzeit stammen, als auch die Landwirtschaft ihren Anfang nahm. Bis zur Entwicklung von Metallwerkzeugen wurden sie kontinuierlich verwendet. Ägyptische Gräber und Tempel zeigen 4000 Jahre alte Illustrationen von Ernteszenen, auf denen man Feldarbeiter sieht, die mit Sicheln Getreidebündel schneiden.

Die ersten echten Sicheln tauchten in der Bronzezeit auf (Bronze ist eine gut formbare Legierung aus Kupfer und Zinn) und wurden seither quasi in allen Siedlungen in Europa bis zum Beginn der frühen Eisenzeit (700–500 v. Chr.) eingesetzt. Da Bronze aber zu spröde und schwer ist, um sich für Sensen und sensenartige Werkzeuge zu eignen, finden sich nur ein paar wenige Archetypen aus der Bronzezeit, die man in antiken Pfahlbauten in den italienischen Alpen gefunden hat.

Eine Sichel ist eine gebogene Klinge an einem kurzen Handgriff, mit der man Pflanzenstiele schneidet, die man bündelweise mit der anderen Hand hält. Eine Sense hingegen ist eine flache (oder nahezu flache) Klinge an einem langen Griff, der mit beiden Händen gehalten wird und über eine konkave Schneidenkante verfügt, die geschärft wird, sowie über

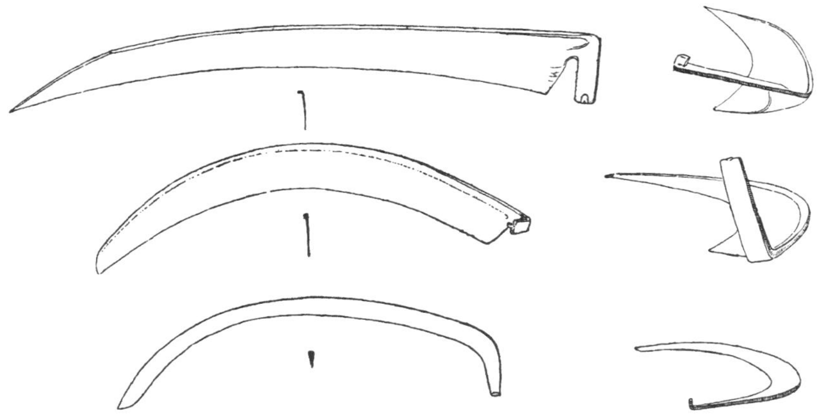

Von oben nach unten:
Sense, kurze Sense (oder Sichte), Gorbuschka

einen konvexen Rand, der Stabilität und Festigkeit gibt. Ein Werkzeug, das sich zeitlich aus der Sichel und vor der Sense entwickelt hat, ist eine kurze Sense, die im deutschen «Sichte» genannt wird. Die Sichte wird wie eine Sichel an einem kurzen Handgriff befestigt, hat aber die Form einer Sense. Die Sichte unterscheidet sich von den anderen beiden Werkzeugen durch ihren extrem großen Hammenwinkel, der nahezu senkrecht zur Ebene des Sensenblatts liegt.

Bis vor rund hundert Jahren war in Russland noch die «Gorbuschka» in Gebrauch. Sie ist säbelartig, schmal, aber relativ dick, mit keilförmigem Querschnitt. Die Hamme befindet sich mit der Klinge auf einer Ebene. Gorbuschki (Plural von Gorbuschka) werden an 70–80 cm langen Handgriffen montiert. Gemäht wird damit auf den Knien rutschend.

Die ersten echten Sensen, tatsächlich die ersten Werkzeuge, die speziell für die Ernte von Gras gefertigt wurden, waren die langen Gorbuschka-ähnlichen Werkzeuge, die aus Siedlungen der Kelten in der heutigen Schweiz stammen. Sie lassen sich auf die La-Tène-Zeit (2. Jh. v. Chr.) zurückführen. Die Kombination aus dem weitverbreiteten Gebrauch des Eisens in der Zeit – der späten Eisenzeit – und dem Bedarf an Winterfutter für das Vieh in den kälteren Klimazonen, die für den Anbau von Getreide nicht so geeignet waren, führten zur Entwicklung der Sense, da das Schneiden von Gras mit der Sichel auf die Dauer recht mühsam war.

Gorbuschka-Sensen breiteten sich über die Jahrhunderte in den Nordosten aus und wurden nach und nach immer weiterentwickelt. Dann verschwanden Sensen für mehr als tausend Jahre aus den archäologischen Aufzeichnungen. Aus dieser Zeit wissen wir kaum etwas über ihre Existenz, sodass es schwierig ist, spezielle Weiterentwicklungen zu erfassen. Ein Manuskript aus Salzburg aus der Zeit um 800 beschreibt einen Bauern im Monat Juli, der eine Sense an einem langen Sensenbaum über der Schulter trägt, offensichtlich zur Heuernte. Weiter wird für den Monat August beschrieben, wie ein Bauer Getreide mit einer Sichel erntet. Da solche Abbildungen aber nur

Zufallsfunde sind, lassen sich ihnen, abgesehen von dem langen Sensenbaum, keine weiteren innovativen Veränderungen entnehmen.

Ein Kalenderbild aus der Mitte des 10. Jahrhunderts zeigt die Heuernte mit Gorbuschki an langen Sensenbäumen. Von der Zeit an sind derartige Bilder zunehmend häufiger zu finden. Während viele Darstellungen aus der Zeit von 900 bis 1200 n. Chr. (inklusive die in den Reliefs am Haupttor von Notre Dame in Paris und am Haupteingang des Markusdoms in Venedig) überwiegend die langen Sensenbäume mit Gorbuschki zeigen, weisen Abbildungen aus dem 12. und 13. Jahrhundert Sensen in deutlich modernerer Form auf, mit Bart und Hamme im Winkel gesetzt. Solche Darstellungen sieht man z. B. in Skulpturen und Kirchenfenstern der Kathedrale von Chartres in Frankreich. So lässt sich vermuten, dass die heutigen Sensen etwa seit dem 12. Jahrhundert existieren.

Erst ab Mitte bis Ende des 14. Jahrhunderts gibt es Belege darüber, wer zu der Zeit Sensen hergestellt hat. Bis dahin gab es wohl Schmiede und Klingenschmiede, Letztere waren vermutlich mit der Sensenherstellung betraut. Erstmals tauchen Belege über eine größere Sensenproduktion für den Export zu Beginn des 15. Jahrhunderts in Form von Zollpapieren auf. Ein Beleg eines Handelsunternehmens aus Nürnberg von 1409 verzeichnet zwei Fass mit Sensen, einmal 600 Stück, einmal 535. Seit dem 16. Jahrhundert war Sensenschmied ein anerkannter Beruf, es entstanden erstmals Zünfte.

Anfang des 16. Jahrhunderts war es gängige Praxis, in den Eisenwerken sogenannte «Sensenknüttel» (Rohlinge) herzustellen, die die Sensenschmiede vor Ort zu individuell angepassten Sensenblättern weiterverarbeiten konnten. Dazu wurde das in den Bergen abgebaute Eisenerz in sogenannten Pochwerken in kleinere Stücke zerschlagen. Die kleineren Teile wurden dann in nahe gelegenen Hammerschmieden mit riesigen, von Wasserkraft betriebenen Pochstempeln zu Schwert-, Messer- und Sensenrohlingen sowie anderen Halbwaren weiterverarbeitet. In größeren Werken der damaligen Zeit, in denen ein Meister und zehn Gesellen ausschließlich per Hand arbeiteten, konnten täglich etwa 70 Sensenrohlinge hergestellt werden.

Ab Mitte des 16. Jahrhunderts begannen die Klingenschmiede eigene, relativ kleine Pochstempel in den Tälern einzurichten. Dort waren sie direkt in der Nähe der Pochwerke angesiedelt und konnten unmittelbar die zunehmende Nachfrage befriedigen, die die Eisenwerke ohnehin nicht mehr zu bewältigen vermochten. Das war der erste Schritt auf dem Weg zu den Sensenwerken, wie sie heute existieren: die Kombination aus einer kleinen Hammerschmiede mit der Werkstatt eines Klingenschmieds.

Die Pochstempel der Klingenschmiede dienten eigentlich nur zur Herstellung der Rohlinge, aber 1584 begannen Schmiede in Micheldorf, Österreich, die Handarbeit mithilfe der Pochstempel durch direktes Schmieden des Sensenblatts zu ersetzen, was einen Quantensprung für Effizienz und Qualität der Produktion bedeutete. Die Handarbeit der Schmiede verschwand zunehmend und die Ära der Sensenwerke begann. Diese technologische Innovation war zusammen mit der überragenden metallurgischen Technologie in den österreichischen Hammerwerken ausschlaggebend dafür, dass die österreichische Sensenindustrie zu Beginn des 17. Jahrhunderts sehr schnell den Weltmarkt dominierte, was allerdings zu Beginn aufgrund ihrer enormen Effizienz zu einer Übersättigung des Marktes führte, die für kleine Schmieden schnell das Aus bedeutete. Österreichische Sensenwerke waren die ersten, die die sogenannten Schwanzhämmer verwendeten, die härtere und schnellere Schläge ermöglichten als die anderenorts noch lange üblichen Hämmer. Gerade diese hohe Schlagzahl ermöglichte es den Klingenschmieden, glattere, gleichmäßigere Sensenblätter herzustellen, als es vorher möglich war.

Ursprünglich war der Schlüsselaspekt für die Ansiedlung einer Schmiede oder eines Sensenwerks das Vorhandensein von ausreichend Wasserenergie, um ein Hammerwerk mit Schleifstein zu betreiben. Dennoch durfte der Fluss auch nicht zu groß sein, denn für riesige, durch Wasserkraft erzeugte Energiemengen war kein Bedarf, außerdem erforderten Flüsse teure Befestigungsanlagen und die Gefahr von Überflutungen war groß. Flüsse mit einer Fließgeschwindigkeit von 340–1140 l pro Sekunde eigneten sich am besten für die Errichtung von Hammerwerken.

Ein weiterer wichtiger Faktor war die Existenz von Bäumen, um Holzkohle für den Betrieb der Essen zu liefern. Gleich nach dem Bau des Sensenwerks musste ein Lagerhaus für einen Holzkohlevorrat für mindestens sechs Monate errichtet werden. Die fertigen Sensen wurden in Lagerräumen aus Holz gelagert, sortiert und verpackt, da Holzhütten trockenere Bedingungen boten als Steinhäuser und das Rostrisiko unbedingt minimiert werden musste. Mit der Zeit siedelten sich um die Sensenwerke andere Handwerksbetriebe an. Um zu verhindern, dass im Fall eines Feuers im Sensenwerk die Flammen auf umstehende Gebäude überspringen, pflanzte man zwischen das Werk und nahe stehende Gebäude eine Linde (schnell wachsend und groß) zum Abfangen von Blitzeinschlägen und Funkenflug.

Die Errichtung eines Sensenwerks begann mit dem Bau eines Wehrs, um das Wasser des Flusses durch Rinnen auf ein Wasserrad zu leiten und so Pochstempel, Schleifstein und Blasebälge anzutreiben. Die Wehre wurden aus geschichtetem Holz oder Steinplatten konstruiert. Wasserräder und Holzkanäle waren aus Lärchenholz, das etwa 30 Jahre überdauerte, während für die Wehre Tannenholz eingesetzt wurde, das bis zu 100 Jahre halten konnte.

Wasserräder wurden je nach Durchflussrate und Gefälle unterschiedlich konstruiert, doch hatten die meisten einen Durchmesser von 2,4–3 m, mit einer Schaufelbreite von 60–90 cm, und arbeiteten mit etwa 55 bis 100 Umdrehungen pro Minute. Sie wurden mit speziellen Radhäusern umschlossen, um im Winter die Eisbildung auf den Schaufeln zu minimieren. Radhäuser umfassten meist vier bis fünf Schaufelräder, da jeder Pochsatz (Pochstempel, Schleifstein, Blasebälge) über ein eigenes Schaufelrad verfügte.

In der Regel bestand ein typisches Sensenwerk im 18. Jahrhundert aus zwei Pochstempeln (je einen für Rohlinge und zum Schmieden der Sensen), einem Schleifstein, vier Essen (je eine für Rohlinge, zum Schmieden und Weiten, für Handbearbeitung und für die Endfertigung), ein Vergütungsbecken, eine Bank zum Zuschneiden der Sensenblätter und eine Reihe von Ambossen für die Feinarbeit von Hand.

Stahl

Die Eisenerzer Alpen in Österreich liefern qualitativ hochwertiges, phosphorfreies Eisenerz, das seit dem Mittelalter die Basis für die gesamte österreichische Metall verarbeitende Industrie bildet. Ursprünglich wurde das Eisenerz bereits in den Bergen nach dem Abbau in Rennöfen geschmolzen. Rennöfen sind kleine Öfen, die das Eisenerz von der Schlacke, Luppe oder Eisenschwamm genannt, trennen. Die Temperatur in diesen Rennöfen war nicht so hoch (ca. 1200 °C), um das Erz zu schmelzen. Nach etwa zwölf Stunden Befeuerung fand sich am Boden des Rennofens (Pochsohle) die feste Masse der Luppe, die mit Zangen und Winden noch weiß glühend aus dem Ofen entnommen wurde. Diese Masse hatte die Form eines großen, runden Brotlaibs, ca. 60–90 cm im Durchmesser und 30 cm dick. Sofort nach Entnahme aus dem Ofen wurde die noch glühende Luppe mit Meißeln, Schneid- und Schmiedehämmern zerschlagen. Anfangs wogen diese Luppen vielleicht 45 kg, aber im 18. Jahrhundert arbeitete man mit Luppen, die fast eine halbe Tonne wogen. Sie waren eine alltägliche Handelsware und wurden zur Weiterverarbeitung an Hammerschmieden an kleinen Bachläufen in den Bergtälern verkauft.

Luppe ist ein heterogenes Produkt, das aus einer äußeren Schicht weicheren, kohlenstoffarmen Eisens, einem Kern aus kohlenstoffreichem Stahl (früher: Schmiedeeisen) und Einschlüssen aus Schlacke und unvollständig reduziertem Eisenerz besteht.

Spaltet man die Schichten einzeln ab, erhält man Stahl unterschiedlicher Härtegrade.

Die Luppeklumpen wurden in einer Hammerschmiede ausgebacken, indem sie intensiv durchgeglüht und dann in langsamen, riesigen Hammerwerken in die unterschiedlichen Schichten aufgebrochen, die Schlacke ausgepresst und die Struktur und Form des Materials optimiert wurden. Es entstanden Barren von 9–18 kg. Das Material der unterschiedlichen Schichten wurde auch unterschiedlich verwendet. Für Sensen benötigte man eine Mittelschicht Rohstahl (weicherer Stahl, der noch als Stahl bezeichnet werden konnte, mit 0,4–0,6 % Kohlenstoffgehalt, von den österreichischen Klingenschmieden «Mock» oder «Mockstahl» genannt) sowie den harten Stahl aus dem Kern. Die härteren Luppeklumpen lieferten meist überwiegend «Mock» und harten Kernstahl und nur geringe Mengen von Weicheisen und mittelhartem Stahl.

Die gefertigten Barren mussten für die Werkzeugherstellung noch weiter vorbearbeitet werden. Hammerschmieden, später Schlackeschmieden und die Sensenwerke verarbeiteten die Barren zu langen Stäben, die sich dann zu Sensenblattrohlingen schneiden ließen. Irgendwann Mitte des 18. Jahrhunderts richteten sich Sensenwerke eigene Schmelzöfen zur Aufbereitung des Stahls aus Roheisen ein und schufen so eigene Materialspezifikationen.

Holzkohle

Holzkohle war für den Aufbau und die Erhaltung der Sensenwerke ebenso wichtig wie Eisen. Vor Beginn der Eisenzeit wurden die Wälder ausschließlich von den jeweiligen Fürsten zur Jagd genutzt. Aus ihrer Perspektive lag die einzige weitere Funktion der Wälder darin, der Bevölkerung Grund und Boden zur Bearbeitung zur Verfügung zu stellen und dafür Abgaben zu kassieren. Als sich die ersten Hüttenarbeiter in den Alpen niederließen, lieferten die umliegenden Wälder das offensichtlichste und beste Verbrennungsmaterial.

Der jährliche Holzkohleverbrauch eines Sensenwerks belief sich auf 380–570 t, was über 3000 m³ Buchenholz entspricht. Das sind pro Jahr über 600 ha relativ langsam wachsenden Baumbestands. Allein Oberösterreich hatte zeitweise 36 Sensenwerke, was bedeutet, dass über 200 km² Wald ausschließlich für die Herstellung von Holzkohle für diese Werke genutzt wurden. Die Holzkohleproduktion war für viele Bauern die Haupteinkommensquelle.

Holzkohle war der einzige legale Brennstoff (die Verbrennung von Torf war verboten), der die für den Betrieb der Essen erforderlichen hohen Temperaturen ermöglichen konnte. Zwar verbrauchte die Herstellung der Holzkohle schon die Hälfte der im Holz enthaltenen Energie, reduzierte aber auch das Gewicht um 75–80 %, was den Transport deutlich vereinfachte.

Holzkohleproduktion

Holzfäller arbeiteten eng mit den Köhlern, den Holzkohleherstellern, zusammen. Man sagte ihnen nach, sie wären grüblerische, leicht wunderliche Menschen, oft Geächtete, vielleicht, weil das Pyrolysieren von Holz zu Holzkohle Tag und Nacht beaufsichtigt werden musste, bisweilen über mehrere Wochen. Der Vorgang war schwierig und gefährlich, denn es musste z. B. bei Sturm darauf geachtet werden, dass die Bedeckung des Meilers (kegelförmiger Holzhaufen) nicht abgetragen wurde, dass das Feuer nicht aus- oder gar der Meiler in Flammen aufging.

Im Detail sah es so aus, dass Rotbuchenbalken von 3 m Länge über einem 36 m langen, mit Reisig und Spänen gefüllten Feuerschacht bis auf 1,2–1,8 m Höhe gestapelt wurden. Am unteren Ende wurde im Schacht das Feuer entzündet und für viele Stunden am Brennen gehalten. Wenn die oberen Balken ausreichend in Flammen standen, wurde der gesamte Meiler mit Gras, Moos, Erde und Holzkohlerückständen bedeckt. Durch Aufstechen und Wiederverschließen kleiner Öffnungen wurde die Belüftung in Abhängigkeit von Wind, Regen, Luftfeuchtigkeit und anderen Faktoren reguliert. Brannte ein Meiler zu heftig, musste Erde oder Wasser aufgebracht werden.

Als Faustregel galt, dass die glühenden Scheite am oberen Ende des Meilers etwa 1,8 m oberhalb der untersten Scheite liegen sollten und dass die Pyrolyse nicht schneller als 1,8 m täglich voranschreiten sollte. So brannten große Meiler mitunter vier Wochen lang. Im Allgemeinen galt, je langsamer der Prozess, umso besser das Endprodukt.

War das Feuer über 3,5–5,5 m Länge fortgeschritten, war der Meiler dort nur noch halb so hoch. Die glühende Kohle wurde gelöscht, blauer Rauch stieg aus den Öffnungen. Dann trug der Köhler den entsprechenden Teil des Meilers ab und breitete die Kohle zum Abkühlen aus. Noch glühende Kohle wurde mit Wasser gelöscht. War die Kohle vollständig abgekühlt, wurde sie gesiebt, um Verunreinigungen zu entfernen. Durch erneutes Sieben mit anderen Sieben konnte die Holzkohle bei Bedarf nach Größe sortiert werden. Die Kohle wurde dann sofort eingelagert, um Feuchtigkeitsaufnahme zu verhindern.

Vorindustrielle Sensenwerke

Um zu verstehen, wie Sensen seit jeher in fast unveränderter Weise hergestellt werden, machen wir einen Ausflug in ein Sensenwerk der vorindustriellen Zeit. Grundsätzlich hat sich über die Jahrhunderte, abgesehen von Leistung und Präzision der Technologien, nichts verändert.

HAMMER FÜR DIE ROHLINGE Zur Produktion der Sensenrohlinge verfügten die Sensenwerke über ein zugehöriges Hammerwerk für besonders schmale Stahlplatten von bestimmter Größe, Form und Gewicht. Die Stiele (die massiven «Griffe» des Hammers) waren aus im Dezember gefällten, getrockneten Holzklötzen der Rotbuche *(Fagus sylvatica)*, 2,7 m lang und 25 cm im Durchmesser. Sie wurden mit zwei Verstärkungsringen aus Gusseisen (einem mit 36 kg Gewicht am Drehpunkt und einem mit 11,5–13,5 kg Gewicht am Ansatz der Nockenwelle) und einem gusseisernen Hammerkopf (54,5–68 kg) versehen. Der Hammer schlug auf einen 36 kg schweren Amboss, eingelassen in einen Ambossblock von 160–180 kg Gewicht, welcher wiederum in einen nahezu senkrecht stehenden Klotz aus Eichenholz eingelassen, mit einem eigenen Verstärkungsring aus Eisen versehen und 1,8 m tief im Boden verankert war.

Der Hammer wurde angetrieben von einer mit acht bis zehn gezahnten Nocken bestückten Nockenwelle von 50 cm Durchmesser. Eine Begrenzungsplatte unterhalb der Nockenwelle

Hammer für Rohlinge: ein schwerer Schwanzhammer zum Schlagen der Sensenblattrohlinge

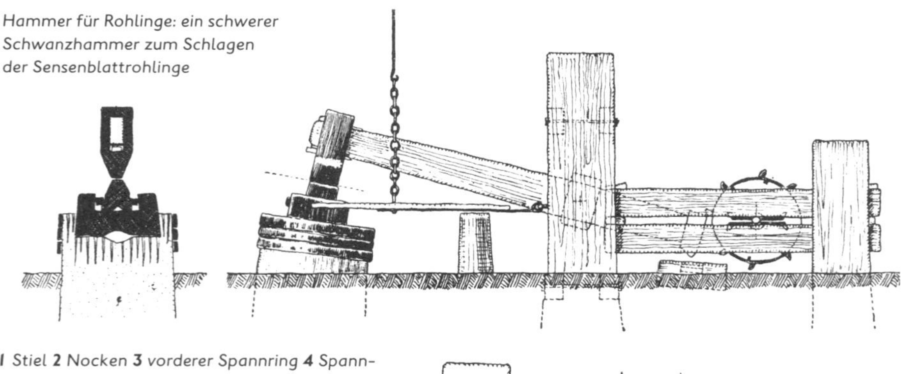

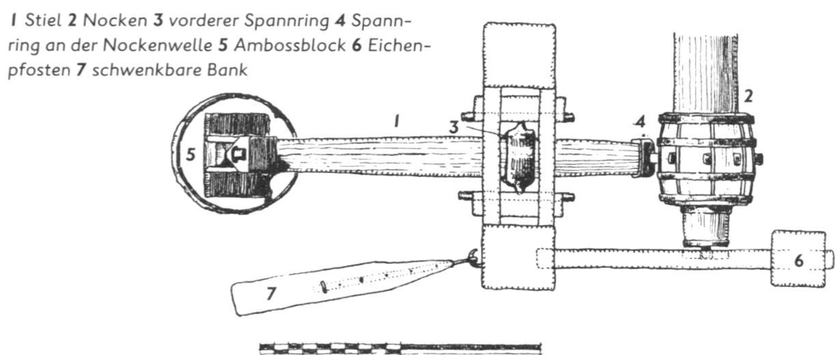

1 Stiel 2 Nocken 3 vorderer Spannring 4 Spannring an der Nockenwelle 5 Ambossblock 6 Eichenpfosten 7 schwenkbare Bank

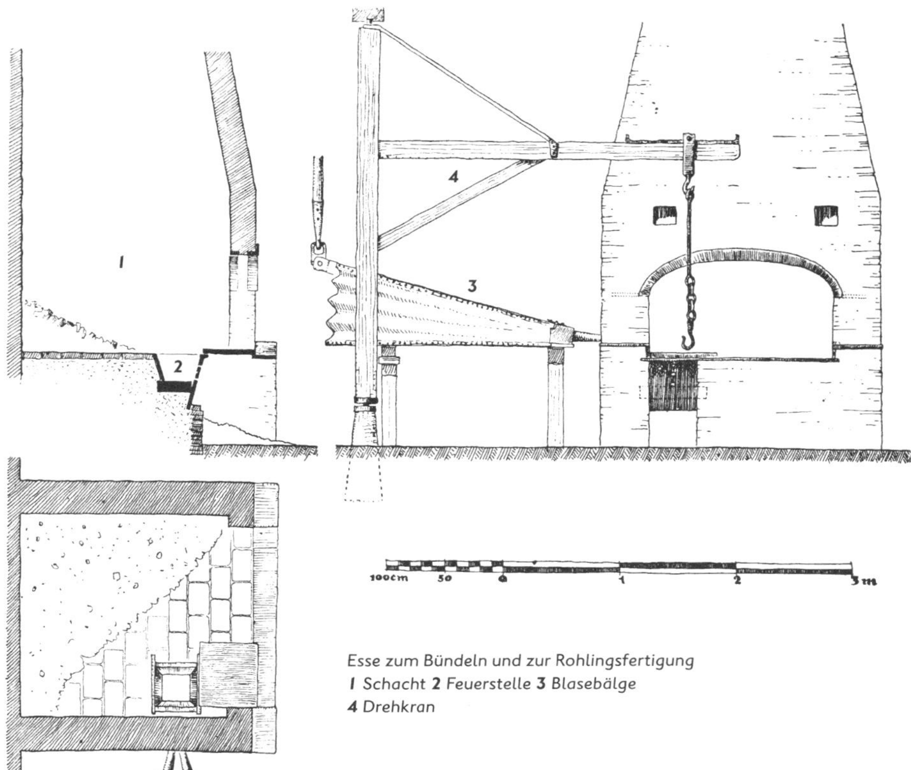

Esse zum Bündeln und zur Rohlingsfertigung
1 Schacht **2** Feuerstelle **3** Blasebälge
4 Drehkran

sorgte dafür, dass der Hammer nicht zu hoch gehoben wurde und hatte zudem eine Prellwirkung, die die Geschwindigkeit des Hammers erhöhte. Hämmer für die Produktion von Rohlingen schlugen 280-mal pro Minute, wodurch die Griffe extrem belastet wurden und alle paar Wochen (mitunter auch nach wenigen Tagen) ausgewechselt werden mussten. Der Schmied saß an der Seite des Hammerkopfs auf einer schwenkbaren, mit einer Kette an einem Deckenbalken befestigten Bank.

ESSE FÜR DIE ROHLINGE Esse und Hammer für die Rohlinge befanden sich stets unmittelbar nebeneinander. Die Esse war im Prinzip ein quadratischer Steinschacht, etwa 1,8 m tief, mit einem Schornstein. Die Heizfläche befand sich etwa 60 cm über dem Boden, war ebenfalls aus Stein geformt, die Öffnung war direkt dem Hammer zugewandt (und lieferte dem Hammerschmied so Licht, wenn es dämmerig wurde). Die Esse arbeitete mit angeschlossenen Blasebälgen, die über Wasserräder angetrieben wurden. Mit einem Derrickkran wurden die Werkstücke in die Esse hinein- und wieder herausgehoben.

ZIEHHAMMER Zum Schmieden der Sense aus dem Rohling, wobei der Stahl des Rohlings in die Länge gezogen wurde, um ein dünnes, flaches Sensenblatt herzustellen, wurde ein zweites Hammerwerk mit anderen Spezifikationen eingesetzt. Die Bauart war nahezu gleich, aber der Hammerkopf war schwerer (72,5 kg) und die Schlagfläche bedeutend schmaler und auf 180 Schläge pro Minute ausgelegt. Ein weiterer entscheidender Unterschied war, dass der Schmied die Geschwindigkeit des Ziehhammers kontrollieren konnte. Mit einem Eisenhebel regulierte er dazu die Geschwindigkeit, mit der das Wasser auf das Wasserrad traf. Im Gegensatz zum Hammerwerk für Rohlinge saß der Schmied direkt vor dem Ziehhammer auf einem niedrigen Schemel.

ESSE FÜR DIE WEITERVERARBEITUNG Sie war genauso aufgebaut wie die Esse für die Rohlinge, nur kleiner. Hauptkriterium war hier, die Hitze möglichst gleichmäßig auf die halbe Länge der eingelegten Sensen zu verteilen.

HÄRTEREI Dies ist eine mit Blasebälgen betriebene Esse mit einem fortwährenden, sehr starken Feuer. Wichtiger Bestandteil der Härterei ist ein Härtetrog aus Kupfer, der sich in einem zweiten Trog aus Holz befindet. Dieser musste kontinuierlich mit Wasser versorgt werden, damit der im Wasser befindliche geschmolzene Rindertalg nicht zu heiß wurde, wenn die heißen Sensen immer wieder in das Wasser eingetaucht wurden. Der Talg schützte die Sensenblätter vor Bruch durch den Temperaturwechsel beim Härten. Der Trog war mit einer Eisenplatte zum Ablegen der Sensen ausgestattet, daneben stand ein Gefäß mit Sägespänen, um die Sensenblätter von Talganhaftungen zu reinigen.

DER SCHLEIFSTEIN Der Schleifstein aus Reiselsberger Sandstein hatte einen Durchmesser von 1,2 m und war 30 cm dick. Er drehte sich mit hundert Umdrehungen pro Minute und wurde während des Betriebs aus kleinen Wassertrögen und Rinnsalen bewässert.

Schleifsteine für Sensen wurden aus extrem hartem Reiselsberger Sandstein gefertigt.

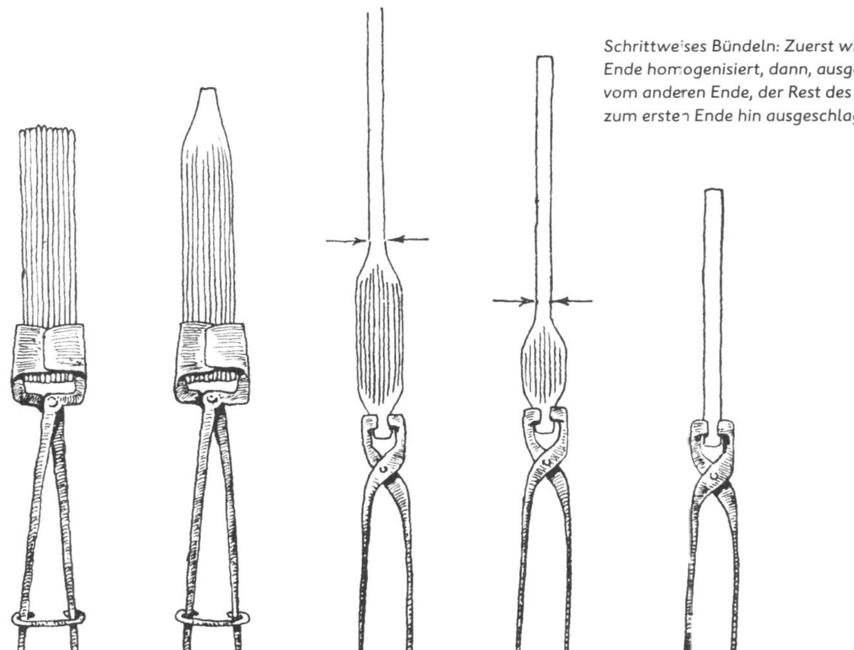

Schrittweises Bündeln: Zuerst wird ein Ende homogenisiert, dann, ausgehend vom anderen Ende, der Rest des Bündels zum ersten Ende hin ausgeschlagen.

STAHL BÜNDELN Sensenwerke nahmen Stahlsorten unterschiedlicher Härtegrade und verarbeiteten sie zu Sensenrohlingen. Dazu wurden verschiedene Stahlsorten gebündelt, diese Bündel dann erhitzt und miteinander verschweißt.

Für das Bündeln unterschiedlicher Stahlsorten fertigte man aus den Barren jeder Sorte in der größten Esse des Sensenwerks Streifen von 0,8–5 cm Dicke durch Schlagen des erhitzten Stahls mit dem Hammerwerk für Rohlinge. Dazu wurde zunächst an einem Ende ein «Schwanz» geschlagen, dieser mit Zangen gefasst und dann der Rest geschlagen. Direkt im Anschluss kerbte man diesen Rohstahl in 60 cm Abständen ein und warf ihn zur Härtung in einen Wasserbottich. Diese Arbeit war eine typische Vorbereitung für den nächsten Arbeitstag. Sie wurde meist am Abend erledigt, und da sie wenig Erfahrung im Schmieden erforderte, wurde sie vorzugsweise den Lehrlingen zu Übungszwecken überstellt.

Zum Bündeln wurden für Sensenrücken 9–15 der dünnen Weichstahlstreifen (4–6 Hartstahlstreifen für die Schneide) gestapelt und mit Spezialzangen, die mit einem Klemmring verspannt wurden, fest und unverrückbar zusammengedrückt. Das Bündel kam dann in die Rohlingsesse und wurde bei ausreichender Hitze vom Heizer (Bediener der Esse) entnommen, der dann die Enden per Hand leicht wellig zusammenschlug, damit die Streifen nicht mehr verrutschen konnten.

Unter dem Rohlingshammer wurde dann ein Ende des Bündels durch Ausschlagen komplett verschweißt.

Die Bündel, die mehr als 18 kg wogen, wurden dann mit dem noch nicht geschlagenen Ende wieder in die Esse gelegt, wo sie mit Lehm beschichtet wurden, um das Verschmelzen der unterschiedlichen Qualitäten zu fördern. War das Bündel ausreichend heiß für das Schweißen, fasste man es mit Zangen am ausgeschlagenen Ende und schlug mit dem Rohlingshammerwerk etwa ein Drittel der Bündellänge zu Stahlstäben mit den Maßen 2,5 x 2,5 cm Dicke (für die Schneide nur halb so dick) bei 90 cm Länge. Diese Stäbe wurden dann abgemeißelt und noch heiß in einen Wassertrog gegeben. Der Rest des Bündels kam wieder ins Feuer und es wurden noch zwei weitere Stäbe in gleicher Weise geformt. Diese Bündel waren sehr schwer, deshalb saßen die Schmiede auf drehbaren Holzbänken direkt am Hammerkopf, wo sie die Zangen mit den Knien, die von einer Lederschürze geschützt wurden, unterstützen konnten.

Sinn des Bündelns war die Vermischung der heterogenen Rohmaterialien, um sie zum Schmieden von Sensenblättern nutzen zu können. So wurden härtere, kohlenstoffreiche Stahlsorten mit weicheren, kohlenstoffärmeren verschweißt, wodurch die Gesamtstruktur des Stahls verbessert, Schlackenrückstände entfernt und der Kohlenstoffgehalt der Einzelkomponenten ausgeglichen wurde. Ziel war es, Stahl mit dem angestrebten Kohlenstoffgehalt zu fertigen, was nicht nur durch die richtige Mischung der Rohstahlqualität erzielt wurde, sondern auch durch den geschickten Einsatz der Blasebälge an der Esse. Die Dekarbonisierung des Stahls konnte durch die Position der Blasebälge gesteuert werden. Je nachdem, ob das Einblasen horizontal oder senkrecht erfolgte, wurde der Stahl weicher oder härter. Die fertigen Bündel wurden dann je nach angestrebter Länge des Sensenblatts in ca. 10 cm lange Stücke gebrochen. Dazu mussten sie zunächst eingekerbt, dann oberhalb der Kerbe in einen Eisenblock gespannt und mit dem Schlaghammer abgeschlagen werden, sodass eine möglichst gerade Schlagkante entstand.

Grundsätzlich wurden weichere Stahlbündel für den Sensenrücken und härtere für die Schneide hergestellt, die dann noch paarweise gebündelt werden mussten, um das angestrebte Gesamtgewicht für das Sensenblatt zu erzielen. Jeder Hersteller hatte seine eigenen Mischungsverhältnisse von hartem und weichem Stahl. Im Extremfall war nur etwa ein Achtel des gesamten Sensenblatts aus Hartstahl, nämlich nur der äußerste Schneidenbereich, und der Rest war Weichstahl. Derartige Blätter hielten bei regelmäßigem Gebrauch nur ein bis zwei Jahre. Sensenblätter mit der doppelten Menge an Hartstahl (ein Viertel des Gesamtgewichts) hielten drei- bis fünfmal länger.

Damals war das Bündeln der entscheidende Prozess bei der Sensenherstellung, denn die Heterogenität des verwendeten Rohmaterials war qualitätsbestimmend. Viel Erfahrung und Sorgfalt wurde darauf verwendet, die Zusammensetzung der Materialien zu optimieren. Moderne Sensenblätter verwenden Hartstahl für das gesamte Sensenblatt. Die Stahlqualitäten können heute nach äußerst exakten Spezifikationen ausgewählt werden, deren spezieller Gehalt an Kohlenstoff und anderen Mineralen häufig streng gehütete Firmengeheimnisse der Hersteller sind.

STAHLBÜNDEL FÜR ROHLINGE KOMBINIEREN UND DIE HAMME SCHMIEDEN Sensenblattrohlinge wurden also durch Verschmelzung je eines Weichstahl- und eines Hartstahlbündels für Sensenkörper und -schneide gefertigt. Je ein Bündel wurde dazu mit Zange und Klemmring zusammengedrückt und in der Rohlingsesse erhitzt. Der Heizer verschweißte die Enden der beiden Rohlinge durch Schlagen von Hand, bis ein flacher Riegel entstand, je nach zu fertigender Schneide etwa 6–13 mm dick. Dieses Zwischenprodukt wird «Ertl» genannt.

Der Ertl wurde dann erneut erhitzt, um das zuvor eingespannte Ende ebenfalls vollständig zu verschweißen. Der Schmied fertigte mit dem Rohlingshammer die Hamme, wobei darauf geachtet werden musste, welche Seite aus Hartstahl bestand, um die Hamme in die korrekte Richtung auszuformen. In manchen Sensenwerken wurden die Ertl mit verkürzten Hartstahlstücken gefertigt, sodass es keine

Ein Heizer erhitzt Sensenblattrohlinge im Hammerwerk für Rohlinge. Gearbeitet wird mit Zangen.

andere Möglichkeit gab, als die Hamme aus Weichstahl zu fertigen. Zum Schluss wurde am Ende der Hamme die Warze von Hand geschlagen.

DAS SENSENBLATT AUSSCHLAGEN

Die so verschweißten Stahlstücke mit Hamme wurden dann unter dem Ziehhammer zu Sensenblättern weiterverarbeitet. Die Hamme, die zwar nicht erhitzt worden war, aber dennoch recht heiß war, wurde mit der linken Hand mit einem Lappen oder Handschuh gefasst und das Werkstück mit Zangen in der rechten Hand stabilisiert. Das noch glühende Werkstück wurde dann gleichmäßig unter dem Ziehhammer entlanggeführt und der Stahl zur Sensenblattform ausgeschlagen, wobei der Teil für den Sensenrücken noch unbehandelt blieb. Bei dieser ersten Ausschlagphase entstand ein 38 mm breites und über drei Viertel der Länge

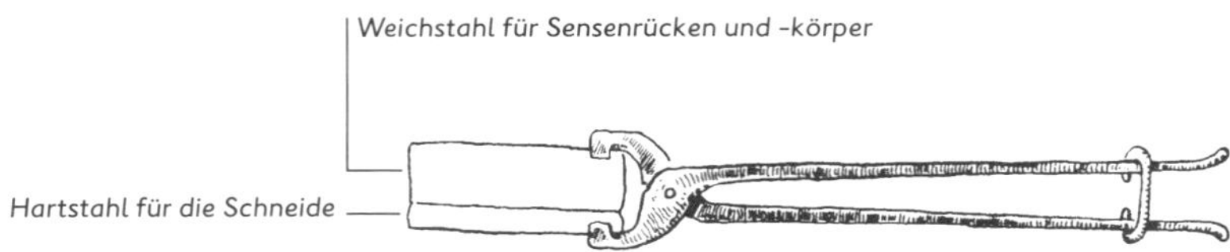

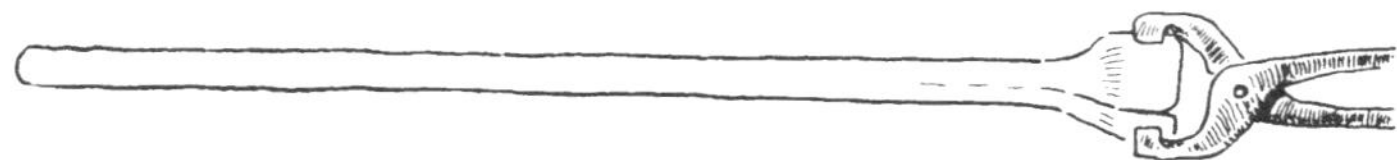

Ein Überblick über die Kombination von Weich- und Hartstahl zum Schmieden von Hamme und Warze des Sensenblatts

Schmieden der Hamme

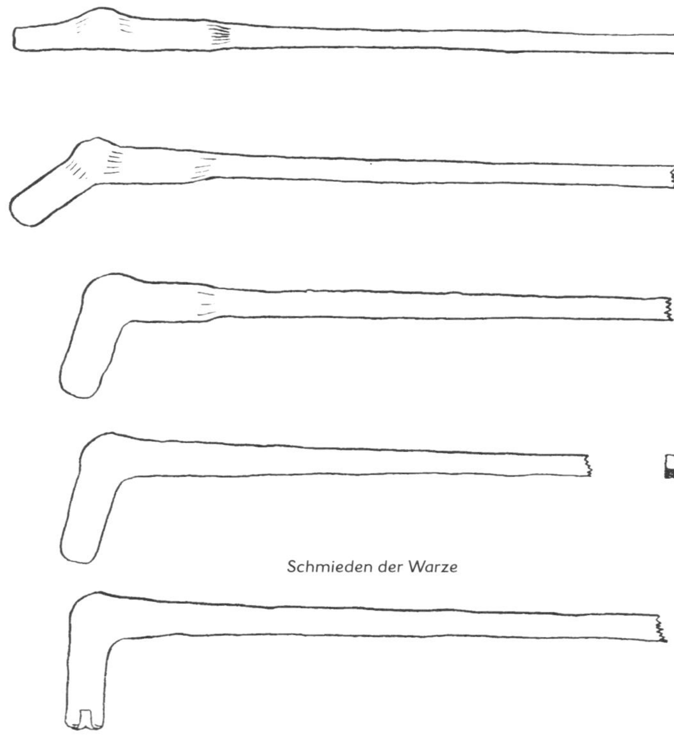

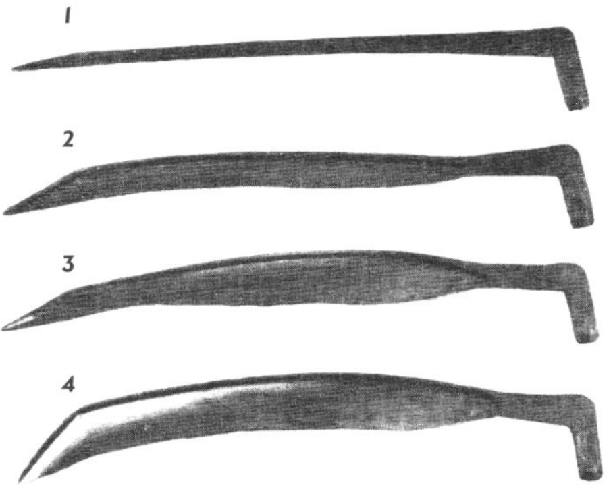

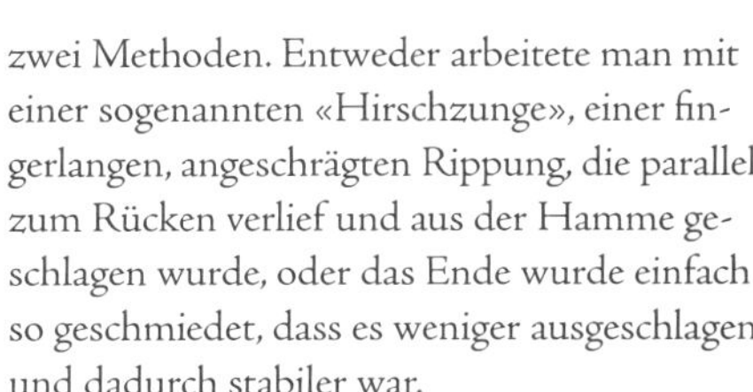

Das Sensenblatt ausziehen
__1__ Rohling mit Hamme und Warze __2__ erstes Ausziehen __3__ zweites Ausziehen __4__ geschmiedete Spitze __5__ geschmiedeter Bart __6__ geformter Rücken __7__ entgratet, geglättet, gehärtet, geformt und gewetzt: «graues» Sensenblatt __8__ fertiges, «blaues» Sensenblatt

etwa 4 mm dickes Werkstück. Nur das erste Viertel der Gesamtlänge des Werkstücks wurde in dieser Phase weder erhitzt noch ausgeschlagen.

Wenn alle Werkstücke die erste Phase des Ausziehens durchlaufen hatten, wurde der Ziehhammer für die nächste Phase gewetzt. Die Werkstücke kamen erneut in die Esse, wobei jetzt überwiegend der mittlere Abschnitt erhitzt und unter dem Hammer bearbeitet wurde. Hierbei musste nun das Sensenblatt ständig zwischen den Hammerschlägen gewendet werden, um gleichmäßige Dicke zu gewährleisten.

An der Spitze wurde das Sensenblatt nun ein drittes Mal erhitzt und dieses wie zuvor unter Wenden zwischen den Hammerschlägen ausgeschlagen. Zu guter Letzt musste das Sensenblatt ein viertes Mal an der Hamme erhitzt werden, um den Bart schmieden zu können. Das Ende der Hamme und der Bart wurden in dieser Phase oftmals verstärkt. Dafür gab es zwei Methoden. Entweder arbeitete man mit einer sogenannten «Hirschzunge», einer fingerlangen, angeschrägten Rippung, die parallel zum Rücken verlief und aus der Hamme geschlagen wurde, oder das Ende wurde einfach so geschmiedet, dass es weniger ausgeschlagen und dadurch stabiler war.

Sehr kurze Sensenblätter konnten in nur drei «Hitzen» (erneutes Aufheizen auf Schmiedetemperatur) geschmiedet werden, wobei besonders lange Sensenblätter meist eine fünfte Hitze erforderten, da sie zu schnell auskühlten, um in einem Zug über die gesamte Länge bearbeitet werden zu können. Bei extrem breiten Sensenblättern, wie sie in Frankreich und Spanien üblich waren, konnte der Bart bis zu 20 cm breit sein und wurde deshalb in zwei Hitzen geschmiedet, um Materialrisse oder -bruch zu vermeiden. Nach der ersten Hitze wurde das Material an einem Ende zu einem Stahlwulst gearbeitet, der dann

Das Ende schmieden

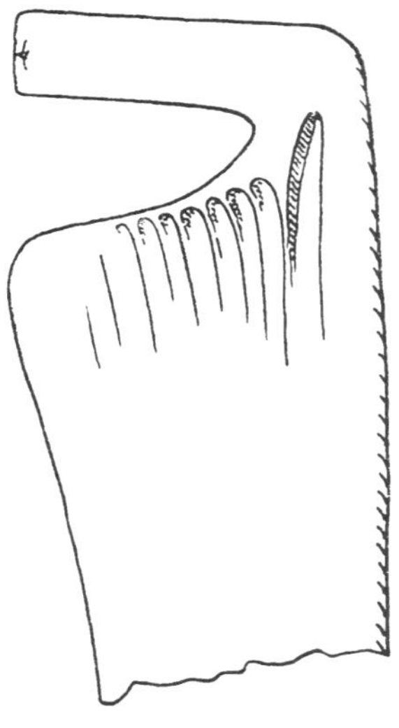

kronenartige Bartverstärkung

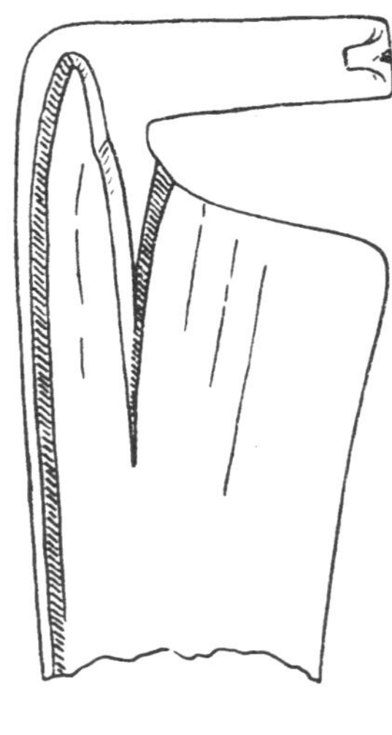

«Hirschzungen»-Bartverstärkung

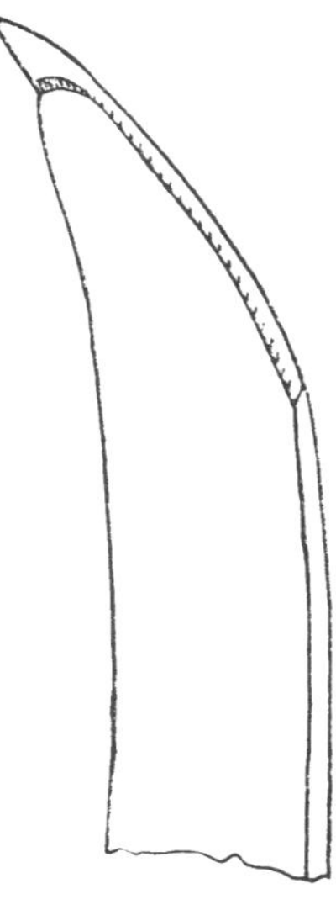

Verstärkung der Sensenblattspitze für die Arbeit auf steinigen Böden

erst nach der zweiten Hitze zum fertigen Bart ausgeschlagen wurde.

Nach dieser Bearbeitung war das Sensenblatt vollständig ausgeschlagen und die meisten individuellen Qualitäten (Krümmung und Dicke des Rückens, Dicke und Konsistenz der Schneide) standen fest.

DEN RÜCKEN FORMEN («ABRICHTEN») Ein gewölbter Rücken, der im rechten Winkel auf der Schneidenebene steht, gibt der Schneide ihre Festigkeit, ebenso wie ein Winkeleisen die Kraft aus seiner Form entnimmt. Zu vorindustriellen Zeiten wurde dieser Formgebung eine weitere Schmiedebehandlung gewidmet. Der Rücken wurde in zwei Abschnitten geformt. Zuerst wurde die Hammenhälfte des Sensenblatts in der Esse rotgeglüht und der Rücken mit Hammerschlägen unter Verwendung eines Spezialambosses aufgerichtet. Dann wurde die gleiche Behandlung der anderen Hälfte zuteil.

Dieser Teil der Formgebung wurde von Hand durchgeführt, damit die Sensenblätter exakt der gewünschten Form entsprachen.

FERTIGSTELLUNG Zur Fertigstellung des Sensenblatts waren noch ein paar kleinere Arbeiten zu erledigen. Die Schneidenkante wurde mit einer einfachen Alligatorschere oder einer

Hebelschere entgratet («Beschneiden»). Die Hamme wurde erneut erhitzt, damit mit einem speziellen, gravierten Hammer das Warenzeichen aufgeschlagen werden konnte. Dann wurde der Hammenwinkel gesetzt. Sensenblätter in dieser Phase hießen «graue» Sensenblätter, da sie sich in der Endphase der Formgebung befanden, aber noch nicht gehärtet waren.

Das Sensenblatt wurde dann erhitzt, bis es gleichmäßig gelb glühte. Sofort strich man dann mit einer Stange über die gesamte Länge, um kleinste Falten und Unregelmäßigkeiten zu glätten («Abziehen»). Mit dem Rücken zuerst tauchte man dann das Sensenblatt in geschmolzenen Rindertalg ins Härtebecken. Nach dem Abkühlen befreite man das Blatt mit einem spatelförmigen Stück Baumrinde vom Talg, danach wurde es in einem Sägespantrog vom Öl gereinigt («Ausputzen»). Wieder erhitzte man das Sensenblatt noch etwas, bis der Sensenrücken blau anlief («Blaufärben») und tauchte es in einen Trog mit kaltem Wasser. Das war der Zeitpunkt, zu dem der Zunder (eine Oxidschicht, die sich beim Erhitzen an der Metalloberfläche bildete) zu allen Seiten vom Sensenblatt abflog. Was zurückblieb, war das glatte Sensenblatt, das leicht gräulich schimmerte – ein Zeichen für hochwertigen Stahl.

Erst nach der letzten Härtung erhielt das Sensenblatt seine Wölbung in der senkrechten Ebene (aus der liegenden Perspektive). Es wurde glattgefeilt, es durchlief eine Reihe von Schmiedegesellen, die alle die Form noch ein wenig veränderten, bevor sie das Sensenblatt an den nächsten weitergaben. Der letzte Hämmerer war der Schmiedemeister selbst. Er hatte das letzte Wort und beurteilte, ob das Sensenblatt richtig geformt war oder nicht.

Dann wurde das Sensenblatt vor einer allerletzten Justierung mit Hammer und Amboss noch mit einem bewässerten Wetzstein gewetzt (das abschließende Dengeln machten die Bauern selbst), da das Wetzen womöglich noch kleine Verzerrungen verursachte. Dann endlich war das Sensenblatt fertig.

Natürlich kann man heutzutage kein wasserbetriebenes Sensenwerk mehr aufstellen. Man raffiniert kein Eisenerz mehr in Rennöfen und moderne Sensenwerke produzieren Sensenblätter, die vollständig aus Hartstahl bestehen. Ich beschreibe die traditionellen Produktionsabläufe so detailliert in der Hoffnung, dass moderne Schmieden vielleicht Methoden erarbeiten können, um mit ihrer hochwertigen Ausrüstung Sensen herzustellen, die die gleichen Aufgaben erfüllen können wie seit Jahrhunderten in der Landwirtschaft.

KAPITEL 8 HEUMACHEN MIT UND OHNE HEUREITER

Als ich anfing, Heu von Hand zu machen, konnte ich nur auf meine Erfahrungen mit maschineller Heuernte in Österreich zurückgreifen. Nach drei regenfreien Tagen wird das Gras, wenn es ausreichend lang ist, am ersten Tag der Ernte gemäht und zum Trocknen gleichmäßig auf den Wiesen ausgebreitet. Am Ende des Tages wird es für die Nacht zu Schwaden gerecht, damit Regen oder Tau es nicht so sehr durchfeuchten.

Am nächsten Tag wird das Heu wieder gleichmäßig auf dem Feld ausgebreitet, um es optimal der Sonne zum Trocknen auszusetzen. Mit einem Traktor wird das trocknende Gras am Abend des zweiten Tages wieder zu Schwaden zusammengerecht.

Am dritten Tag lässt man das Gras nach erneutem Ausbreiten noch einen halben Tag lang trocknen. Am Nachmittag ist es komplett zu Heu getrocknet, wird ein letztes Mal zu Schwaden zusammengerecht, mit einer Ballenpresse zu kleinen Ballen geformt und auf einem Heuwagen abtransportiert.

Heumachen von Hand

Ich hatte immer viel Spaß am Heumachen. Eines Tages sah ich auf einem kleinen Bauernhof in Österreich Männer und Frauen Heu mit einer Heugabel von großen Haufen nehmen und es mit anmutigen Bewegungen, die offensichtlich einer unglaublichen Routine entsprangen, mit Leichtigkeit auf dem Boden verteilen. Im Grunde taten sie, was ich gelernt hatte, mit Maschinen zu tun, aber sie taten es von Hand. Im Gespräch erfuhr ich, dass sie das Heu abends wieder zu Haufen zusammenrechen würden, um die dem Morgentau ausgesetzte Oberfläche möglichst gering zu halten. Am nächsten Morgen würden sie es dann erneut verteilen, um das Heu zu vermischen und die Trocknung durch die Sonne optimal zu nutzen.

Zurück in Iowa, beschloss ich, auf einem kleinen Gehöft ebenfalls Heu von Hand zu machen, und zwar mit Sense, Heugabel und Handrechen. Ich stand morgens sehr früh auf, um möglichst viel Zeit für das Mähen von taubedecktem Gras zu haben, bevor die Sonne es trocknete. Nach dem morgendlichen Mähen schnappte ich mir die Heugabel, schüttelte das Heu mehr oder weniger gekonnt auf und verteilte das vom Vortag auf Schwaden liegende Heu so gleichmäßig, wie ich konnte. Die Leichtigkeit der österreichischen Bauern, die das Heu scheinbar mühelos am Boden arrangierten, fehlte mir leider und der Prozess war alles andere als mühelos. Am Abend trug ich das Heu wieder zu Schwaden zusammen, um es am nächsten Morgen erneut zu verteilen. Am dritten Tag schaffte ich es gerade noch, die Schwaden zusammenzuschieben (nur die Heugabel nicht mehr so oft anheben müssen!). Ich lud das Heu dann auf eine Schubkarre, um es fuhrenweise auf einem großen Haufen abzuladen.

Das alles funktionierte, aber es war sehr arbeitsintensiv. Selbst wenn man es schafft, täglich ein oder zwei Morgen Land zu mähen, das Heu auszubreiten und zusammenzurechen, erneut weiteres Heu zu mähen und so weiter und so fort, ist es eine unglaublich anstrengende Arbeit, die am Ende relativ wenig Heu einbringt. Nach einiger Zeit kommt man dann an den Punkt, wo man Sense, Heugabel und Rechen nicht mehr sehen möchte.

Kontinuierliches Heumachen mit Heureitern

Glücklicherweise gibt es andere Trocknungsmethoden, bei denen auf das immer neue, aufwendige Ausbreiten und Zusammenrechen verzichtet werden kann und mit denen sich die Heuqualität verbessern lässt. Bei der Gerüsttrocknung wird das frisch gemähte Gras bis zur Einlagerung des fertigen Heus auf Heureiter gehängt. Bei sorgfältiger Ausführung ist das Heu auf den Reitern vor Regen geschützt, die Trockenzeiten werden verkürzt und Schimmel und Verrottung vermieden. Man gewinnt so Zeit für das Mähen und kann es zudem an allen Tagen mit halbwegs geeignetem Wetter ausführen. So kann man über die gesamte Saison kontinuierlich täglich mehr oder weniger große Heumengen mähen und als Winterfutter für die Tiere einlagern. Durch die Kontinuität werden Mähen, Rechen und Einlagern des fertigen Heus auf dem Heuboden während der Saison Teil der täglichen Routine. Man ist weniger abhängig vom Wetter und das Heumachen stellt nicht zwei- bis dreimal im Jahr für drei Tage eine große Arbeitsbelastung dar.

Den Heuwagen beladen

Instinktiv würde man wohl beim Beladen eines kleinen Heuwagens das Heu einfach mit der Heugabel in die Mitte des Wagens schaufeln. Der Haufen würde allerdings sehr schnell oben einen Kogel (eine Art Buckel) ausbilden, wodurch keine flache Oberfläche zum Stapeln gegeben ist und das Heu unweigerlich an den Seiten herunterfällt. Man sollte versuchen, den Heuwagen nur über die Ecken zu befüllen. Man beginnt an einer Ecke, belädt nacheinander alle vier und füllt erst dann die Mitte auf. So entsteht ein sehr stabiler Heuturm, der immer breit und abgeflacht bleibt, sodass nichts herunterfällt. Erhöht man noch die Seitenflächen (breite Bretter) und arbeitet zusätzlich mit Gurten, um das Heu zu halten, lässt sich sehr viel mehr Heu mit einer Fuhre einbringen.

Für maximale Stabilität belädt man die Ecken des Wagens zuerst.

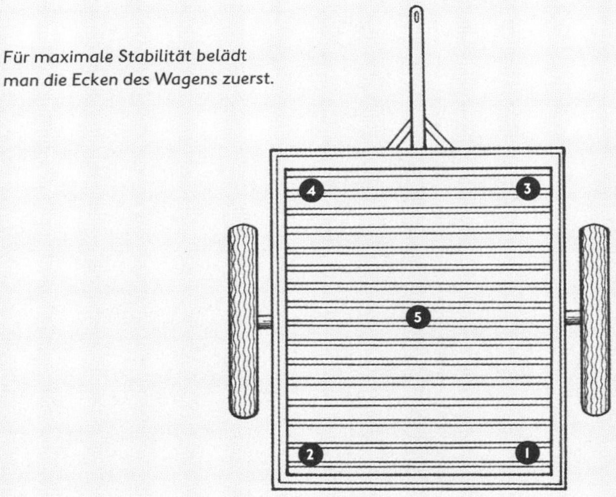

Nährstoffverlust bei Bodentrocknung

Selbst wenn das Heumachen unter perfekten Wetterbedingungen stattfindet, enthält das Heu, wenn es letztendlich von den Tieren verspeist wird, weniger Nährstoffe als frisch gemähtes Gras. Tatsächlich liegen die Verluste an Stärke bei bis zu 40 %, auch der Proteingehalt im Heu ist um ein Drittel geringer als im Gras auf der Wiese. Diese signifikanten Qualitätsunterschiede zwischen Weidegras und Heu sind der Hauptgrund für die Notwendigkeit, im Winter kostenintensive Nahrungsergänzung für das Vieh bereitzustellen. Ließe sich der Nährstoffgehalt, der den ganzen Sommer über im Weidegras perfekt ist, auch im Heu erhalten, wären derartige Zusätze unnötig.

Es gibt sieben Hauptfaktoren, die bei Bodentrocknung für Nährstoffverluste im Heu verantwortlich sind:

1 ATMUNG Mit dem Abschneiden des Grashalms wird die Aufnahme von Nährstoffen für den Pflanzenteil oberhalb des Schnittes unterbrochen, dennoch geht die Zellatmung weiter, bis die Zellen absterben. Ohne Zufuhr neuer Nährstoffe werden die in den Pflanzenhalmen gespeicherten Substanzen für diesen Prozess verwendet. Je ungleichmäßiger die Trocknung erfolgt und je länger Feuchtigkeit im Gras bleibt, umso größer sind die Nährstoffverluste durch Zellatmung. Je schneller das Gras trocknet, umso schneller sterben die Zellen, umso geringer die Atmungsverluste. Unter idealen Bedingungen lassen sich Verluste um 10 % halten, sie steigen aber bei höherer Feuchtigkeit und weniger Wind schnell auf 15 % und mehr.

2 PHYSIKALISCHER VERFALL UND BRÖCKELVERLUSTE Wenn empfindliche Blattpflanzen wie Klee und Luzerne bis zu einem sehr geringen Feuchtigkeitsgehalt getrocknet werden, neigen sie stark zu Bröckelverlusten. Außerdem werden sie beim Einbringen des Heus schnell vom Wind verweht. Je häufiger das Heu gewendet, auseinander- und wieder zusammengerecht wird, umso größer die Bröckelverluste, also der Nährstoffverlust. Das gilt besonders für die zweite und dritte Gras-Mahd und grundsätzlich für jede Klee-Mahd, bei der man die zerbröckelten Blätter schon am Boden sehen kann, wenn der Heuwagen beladen wird. Unabhängig von der Sorgfalt bei der Arbeit, lassen sich derartige Nährstoffverluste bei Bodentrocknung nicht vermeiden.

3 AUSWASCHUNGEN DURCH REGEN Leicht lösliche Nährstoffe im Heu werden durch Regen ausgewaschen. Je weiter die Heugewinnung fortgeschritten ist, d.h., je trockener es ist, umso größer sind die potenziellen Nährstoffauswaschungen bei Regen. Ein kurzer, heftiger Sturm oder Regenguss wäscht mehr Nährstoffe aus als Nieselregen an einem ganzen Tag. Bei Bodentrocknung sollte man das Heu zu Schwaden oder kleinen Haufen zusammenrechen, um die dem Regen ausgesetzte Oberfläche zu minimieren. Da niemand perfekt ist, wird man früher oder später diesen Schritt vernachlässigen und außerdem schützen Schwaden oder kleine Haufen ohnehin nur sehr bedingt vor Regen, sodass man bei dieser Methode früher oder später Nährstoffverluste durch Auswaschungen in Kauf nehmen muss.

4 SCHIMMELBILDUNG WEGEN BODENFEUCHTIGKEIT Schimmel hat einen zerstörerischen Einfluss auf alle aromatischen Bestandteile des Heus, was dessen Funktion, den Appetit des Viehs anzuregen, stark reduziert. Schwaden oder Heuhaufen schützen zwar in gewissem Maß vor Auswaschungen, begünstigen aber wiederum die Schimmelbildung. Verteilt man außerdem das Gras zum Trocknen auf der gemähten Wiese, über der gerade Regen herunterkam, wird erneut Feuchtigkeit angezogen, was das Problem verstärkt.

5 FERMENTATION UND ÜBERHITZUNG WÄHREND DER LAGERUNG Sind die Gewinnung und das Einbringen des Heus abgeschlossen, ist das Risiko von Nährstoffverlusten noch nicht gebannt. Während Gras zu Heu trocknet, führt in den Zellen eingeschlossene Feuchtigkeit unter mehr oder weniger anaeroben Bedingungen zu Fermentation. Dadurch erwärmt sich das Heu und die Verdaulichkeit der enthaltenen Proteine wird beeinträchtigt. Darüber hinaus besteht die Gefahr von Verkohlung oder Selbstentzündung des Heus. Bei Heu aus Bodentrocknung ist die Gefahr von Wärme erzeugender Fermentation während der Lagerung größer als bei gerüstgetrocknetem Heu, da Letzteres vor der Einlagerung schon an acht bis zehn Tagen einen weniger intensiven und daher kühleren Fermentationsprozess durchlaufen hat.

6 SCHIMMELBILDUNG WÄHREND DER LAGERUNG Wird das Heu eingebracht, bevor es ausreichend getrocknet ist oder während es regnet, kommt es während der Lagerung häufig zu Schimmelbildung. Schimmeliges Heu ist nicht nur extrem nährstoffarm, es ist auch gefährlich für die Gesundheit der Tiere.

7 VERSPÄTETE MAHD Regnet es zur Mahdzeit, verpasst man schnell den optimalen Zeitpunkt, welcher entscheidend ist für den Proteingehalt des Heus. Je weiter das Gras in der vegetativen Entwicklungsphase fortgeschritten oder schon in die generative Phase übergegangen ist, umso mehr Rohfaser und schwer verdauliche Proteine sind enthalten. Wenn das Mähen nur um eine Woche verschoben wird, kann das den Gehalt an verdaulichen Nährstoffen, besonders Proteinen, um 30–40 % verringern. So muss die Ernte nach dem Regen enorm vorangetrieben werden, was wiederum das Risiko von Schimmelbildung während der Lagerung erhöht.

Man sieht, Heumachen mit Bodentrocknung mag einfach erscheinen, es gibt aber sehr viele Nachteile, selbst bei idealem Wetter. Wenn es regnet, können die Verluste enorm hoch sein, da dann nicht nur das ausgebreitete und zu Schwaden gerechte Heu gefährdet ist, sondern auch das noch stehende Gras. Wenn Ihr Winterfutter einen ähnlichen Nährstoffgehalt aufweisen soll wie frisches Weidegras, müssen Sie von der Bodentrocknung Abstand nehmen, denn die Qualität reicht dafür nicht aus.

Vorteile des Trocknens auf Heureitern

Um die Widrigkeiten der Bodentrocknung von Heu zu umgehen, benötigt man eine Gewinnungsmethode, die nicht auf perfektes Wetter angewiesen, nicht unerschwinglich und auch nicht viel arbeitsintensiver ist. Sie sollte kostengünstig und leicht realisierbar sein und die Gewinnung von hochwertigem Heu durch schnelle und gleichmäßige Trocknung sicherstellen. Des Weiteren sollte das Heu nicht viel bewegt werden müssen, um Bröckelverluste zu minimieren, Regen sollte weitestgehend abgehalten und die Fermentation minimal gehalten werden.

Die Verwendung von Heureitern berücksichtigt all diese Kriterien. Tatsächlich wäre in den regenreichen Alpentälern die Heugewinnung mit Bodentrocknung gar nicht möglich. Die Idee hinter den Heureitern ist es, das Gras während des Trocknungsprozesses vom Boden fernzuhalten und es so zu schichten, dass es vor Regen geschützt wird und für eine schnellere Trocknung möglichst intensiv dem Wind ausgesetzt wird. Es gibt drei Hauptformen von Heureitern: Heinzen, Hütten und Schwedenreuter, mit jeweils unterschiedlichen Varianten.

Heureiter minimieren die Nährstoffverluste bei der Heugewinnung, sie reduzieren den Arbeitsaufwand und machen verhältnismäßig wetterunabhängig. Das Ergebnis ist hochwertiges Heu, das den Appetit der Tiere anregt, was nicht nur bedeutet, dass sie optimal mit Nährstoffen versorgt werden, sondern auch, dass sie generell mehr fressen, wodurch wiederum die Fütterung von Importfutter überflüssig wird. In André Voisins Buch «Grass Productivity» wird erläutert: «Schmackhaftigkeit ist die Summe der Faktoren, die bestimmen, ob und in welchem Maß die Nahrung für Tiere attraktiv ist. Man kann in ihr somit die Verbindung zwischen Gras und grasendem Tier sehen. Viele Autoren halten sie für einen wichtigeren Aspekt als den Nährwert der Nahrung. Zwangsläufig wird die Schmackhaftigkeit natürlich beeinflusst von verschiedenen Variablen, wie dem jeweiligen Tier selbst, Wachstumsphase und Entwicklung des Grases, alternative Nahrung sowie Umgang mit und Pflege von Gras und Kräutern.»

Einfacher Heuhaufen auf dem Boden (links), Tiroler Heuschober (Mitte), einfacher Heuschober (rechts)

Vergleich der Gewinnungsmethoden

Als Anfang des 20. Jahrhunderts die Einfuhr von Futtermittelkonzentraten in die Schweiz beachtlich zunahm, starteten Landwirtschaftsschulen eine Vergleichsstudie von Boden- (die damalige Standardmethode) und Gerüsttrocknung (eine relativ neue, nicht weitverbreitete Methode) für Heu, um die konkreten Vor- und Nachteile zu ermitteln. Die in den Jahren 1928–1930 durchgeführte Studie brachte folgende Ergebnisse:

1 Der Feuchtigkeitsgehalt des Heus zum Zeitpunkt der Einlagerung ist ein entscheidender Faktor für die Entwicklung der Qualität über die Lagerungszeit. Liegt er über 25 %, wird das Heu früher oder später schimmeln. Die Studie ergab bei allen Versuchen für gerüstgetrocknetes Heu einen durchschnittlichen Feuchtigkeitsgehalt von 17,9–24,3 % bei der Einlagerung, für Heu aus Bodentrocknung stets 24,1–26,5 %. Mit anderen Worten: Gerüsttrocknung reduziert gegenüber Bodentrocknung das Risiko von Schimmelbildung und Überhitzung erheblich. Außerdem erbrachte die Gerüsttrocknung durchweg aromatischeres, nährstoffreicheres und somit gesünderes Heu als die Bodentrocknung.

2 Die Nährstoffverluste bei Gerüsttrocknung sind signifikant geringer. (Die nachstehende Tabelle zeigt diese Reduktion, sogar unter für Bodentrocknung idealen Bedingungen.) Man mag die aufgezeigten Nährstoffverluste auch bei Gerüsttrocknung noch für erheblich halten, aber führt man sich vor Augen, wie viel Heu man über das Jahr produziert, so ist ein Verlust von 39 % an Stärke gegenüber 45 % schon eine deutliche Verbesserung. Darüber hinaus wurde die Bodentrocknung für die Versuche absolut vorschriftsmäßig durchgeführt – d.h., es wurde nicht gemäht, wenn es nach Regen aussah, und das Heu wurde stets bei drohendem Regen zu Schwaden zusammengetragen. So sind die realen Unterschiede zwischen Boden- und Gerüsttrocknung möglicherweise noch größer, da die Bodentrocknung in der Realität kaum jemals so perfekt durchgeführt wird wie bei dieser Studie.

Ergänzend zu diesem Vergleich wurden auch Fütterungstests mit beiden Arten von Heu durchgeführt. Die ETH (Eidgenössische Technische Hochschule) Zürich fand heraus, dass die Nährstoffe in gerüstgetrocknetem Heu besser verdaulich sind als in boden-

	Gutes Wetter zum Heumachen		Regen	
	% Proteinverluste	% Stärkeverluste	% Proteinverluste	% Stärkeverluste
Bodentrocknung	32,86	41,58	39,54	45,36
Gerüsttrocknung	27,62	37,18	31,79	39,18

Einfache Heuschober: zylindrisch in der Form, locker beladen, dicht am Boden, aber ohne Berührung, leicht mit Heu überdeckt

getrocknetem. Tests mit Milchkühen ergaben eine bessere Appetitanregung und höhere Milchproduktion. Der Einsatz von Heureitern schützt nicht nur vor Nährstoffverlusten, auch die Qualität, die Verdaulichkeit und Schmackhaftigkeit des Endprodukts sind deutlich besser. Appetitsteigerung bedeutet, dass die Kühe mehr Heu fressen und somit der Bedarf an Ergänzungsfutter reduziert wird.

Die Arbeitsbelastung durch Schwaden und erneutes Ausbreiten des Heus ist selbst bei nur einmaliger Durchführung größer als bei einmaligem Beladen der Heureiter. Ist man sich absolut sicher, dass die Wetterbedingungen Bodentrocknung ohne jede Schwadenbildung zulässt, kann man mit dieser Methode tatsächlich Zeit sparen. Sobald jedoch nur ein einziges Mal das Zusammenrechen und Wiederausbreiten des Heus erforderlich wird, ist der Zeitbedarf schon höher als bei einmaligem Beladen der Heureiter. Zwingt das Wetter gar zu mehrmaligem Schwaden, ist die Diskrepanz noch größer. Berücksichtigt man dann noch Zeit und Aufwand, um zu dem betreffenden Feld und zurück zu gelangen, mögliche Hilfskräfte zu transportieren und zu bezahlen, dann können die Kosten für die Bodentrocknung schnell sehr hoch werden.

Hauptnachteil der Gerüsttrocknung ist natürlich die Anschaffung oder Konstruktion der Heureiter. Die unterschiedlichen, weiter hinten in diesem Kapitel beschriebenen Modelle bestehen alle aus Elementen, die Sie auf Ihrem Land vorfinden, oder aus wiederverwertbarem Material. Der jeweilige Bedarf an Heureitern kann natürlich für große Mengen Heu erheblich sein.

Zusammenfassend zeigt sich, dass die Gerüsttrocknung zu besserer Heuqualität führt als die Bodentrocknung. Unter bestimmten Umständen kann man bei der Bodentrocknung etwas Arbeit sparen und, so es denn nicht regnet, die Qualitätsverluste in Grenzen halten. In der Regel wird man aber bei der Gerüsttrocknung qualitativ hochwertigeres, nahrhafteres Heu produzieren, zusätzliche Futterimporte verringern und den Arbeitsaufwand für das Heumachen verringern.

Heureiter-Modelle

Die ersten Heureiter waren sogenannte «Heinzen», auch Heubock oder Schober genannt, die ursprünglich aus kleinen Tannenzweigen von 20 cm Länge zusammengestellt wurden, um das Heu vom Boden anzuheben und die Trocknung zu erleichtern. Später wurden Holzstäbe ergänzt, um die Auflageflächen zu verstärken und zu vergrößern. Aus drei Heinzen lässt sich ein Dreibein konstruieren.

Verhältnismäßig neu ist die Verwendung von «Heuhütten», einem A-förmigen Konstrukt, das aus zwei leiterähnlichen, am oberen Ende zusammengebundenen Rahmen besteht. Heuhütten können faltbar konstruiert werden, was Transport und Lagerung erleichtert. In Schweden z. B. hat man lange Heureiter aus Draht entwickelt. Beladen gleichen diese sogenannten Schwedenreuter langen, begrünten Wällen aus hängendem Gras. Die Pfosten, an denen der Draht verspannt wird, waren ursprünglich aus Holz, heute werden auch T-Pfosten aus Metall verwendet, die leichter zu handhaben und überdies länger haltbar sind.

Unabhängig von den Unterschieden, sollen alle Heureiter das gemähte Gras vom Boden fernhalten, die Durchlüftung ermöglichen, die dem Regen ausgesetzten Oberflächen minimieren und das Heu Wasser abweisend deponieren. Für die Beladung größerer Heureiter ist es ideal, das Gras vorher ein wenig trocknen zu lassen. Kleinere Heureiter belädt man besser mit ganz frisch gemähtem, maximal nassem Gras. Es ist vielleicht verlockend, die Heureiter so voll wie möglich zu bepacken, dennoch ist es wichtig, sie nur leicht und locker zu beladen, da der Grasschnitt innerlich «nachreift» und weiter trocknen soll. Besonders an Tagen, an denen es ständig regnet und auch der letzte Grashalm nass ist, muss das berücksichtigt werden. Im Folgenden finden Sie eine Auflistung typischer Heureiter-Varianten für das Trocknen von Gras zu Heu, die dem Buch «Die verbesserte Dürrfutterernte» von J. Landis entnommen ist.

Reihen Tiroler Heuschober. Man sieht deutlich den Freiraum zwischen Heu und Boden, um die Bodenfeuchtigkeit fernzuhalten.

EINFACHER HEUREITER

KONSTRUKTION Der einfache Heureiter besteht aus einem 1,5 m langen, 4–5 cm dicken Pfahl (Rundholz ohne Rinde oder Nutzholz), an einem Ende angespitzt, um damit in den Boden gerammt zu werden. Mit Abständen von 60, 90 und 125 cm vom oberen Ende werden Querstäbe von etwa 50 cm Länge angebracht. Sie stehen jeweils im 90°-Winkel zueinander (der obere und untere Querstab haben die gleiche Ausrichtung). Kantiges Holz ist hier besser geeignet als Rundholz, da es das Heu besser hält.

BENÖTIGTE ANZAHL PRO HEKTAR 900–1500

AUFBAU AUF DEM FELD Mit einem Holz– oder Gummihammer in den Boden rammen. Den oberen und unteren Querstab nach der vorherrschenden Windrichtung ausrichten.

BELADEN Zu zweit ist es einfacher, aber es kann auch von einer Person bewältigt werden. Das Heu direkt am Pfosten bündeln, das Beladen am untersten Querstab beginnen, dabei wechselseitig mit und gegen den Wind arbeiten, sodass die Bündel sich gegenseitig halten. Nach oben hin vorarbeiten. Die Reiter bei windigem Wetter täglich auf Windabtrag überprüfen. Für kürzeres Gras (zweite oder dritte Mahd) Dreibeine aufstellen. Wegen möglicher Kapillarwirkung das unterhalb der Reiter liegende Gras mit dem Rechen entfernen.

ENTLADEN Warten, bis das Heu für die Einlagerung ausreichend trocken ist. Den gesamten Reiter durch sanftes Rütteln aus dem Boden lösen und herausziehen. Das Heu auf den Boden oder direkt auf den Heuwagen abschütteln.

PRO Kann für sehr nasses Gras (auch taufeucht oder vom Regen durchnässt) verwendet werden. Leichtes, luftiges Beladen ermöglicht das Heumachen bei beliebigem Wetter. Geeignet für jedes Gelände, einfach im Gebrauch.

KONTRA Es werden viele Schober benötigt, deren Transport und Lagerung Probleme bereiten können; die Querstäbe brechen leicht; arbeitsintensiv.

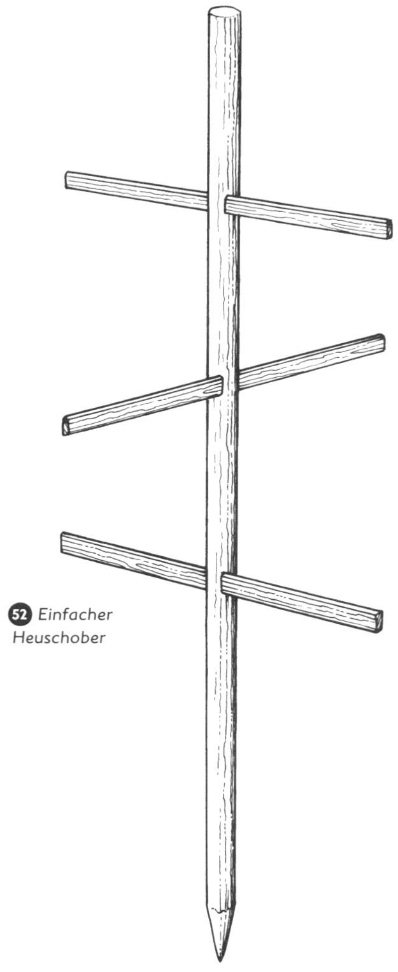

52 *Einfacher Heuschober*

TIROLER HEUREITER

KONSTRUKTION Pfosten aus Tannenholz (2,7 m lang, 6,5 cm Durchmesser), oben und unten angespitzt, mit austauschbaren Querstäben. Untere Spitze 10–15 cm lang, obere Spitze 20–30 cm lang. Für die Querstäbe paarweise im rechten Winkel zueinander Langlöcher in den Pfosten bohren, ca. 1 cm breit und 3–4 cm hoch. Für das erste Paar 40 cm oberhalb der unteren Spitze das erste Loch bohren, das zweite in 46 cm Höhe, für das nächste Paar 60 cm oberhalb des höchsten Loches des ersten Paares zwei weitere Löcher bohren, dann weitere 60 cm höher nochmals ein Loch für einen einzelnen Querstab. Die Querstäbe haben eine Länge von 60 cm und sind jeweils an beiden Enden konisch zugespitzt. Alle Löcher und Querstäbe sollten gleich groß sein und die Verbindung passgenau sitzen.

BENÖTIGTE ANZAHL PRO HEKTAR 200–400
AUFBAU AUF DEM FELD Mit einem Doppelspaten mit 1,5 m langen Griffen, am Ende spitz zulaufend, ein Loch von 30 cm Tiefe ausheben, den Heureiter in den Boden setzen und das Loch wieder schließen, die Erde festtreten, um den Reiter zu verankern. Die beiden untersten Querstäbe einsetzen. Wenn vor dem Beladen alle Heureiter zunächst installiert werden sollen, legt man die drei weiteren Querstäbe an jedem Reiter auf den Boden. Reihen aus Heureitern bilden, 2,7–3,6 m Abstand zwischen den Reihen und auch innerhalb der Reihen zwischen den Heureitern (mehr oder weniger, je nach Grasmenge).
BELADEN Mit einer Heugabel kleine Mengen umschichtig jeweils auf die Hälften der Querstäbe laden und bis zu den nächsten Löchern stapeln. Dort zwei weitere Querstäbe einsetzen

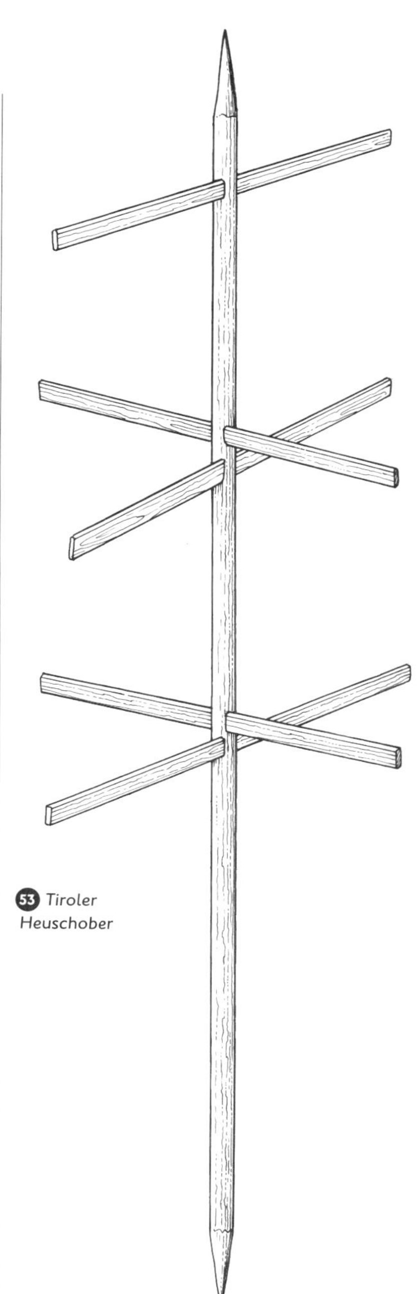

53 *Tiroler Heuschober*

und weiter stapeln. Das Gras locker und luftig stapeln und nicht mit der Heugabel festdrücken. Der letzte Querstab bildet eine Art Abdeckung, die alles zusammenhält. Er sollte abschließend ebenfalls locker mit Gras bedeckt werden. Die gesamte Beladung des Heuschobers sollte so locker wie möglich erfolgen, ohne das Gras zusammenzupressen. Der fertige Schober muss eine zylindrische, schlanke Form aufweisen (nicht konisch, weil dadurch die dem Regen ausgesetzte Oberfläche unnötig vergrößert wird) und keinen Bodenkontakt aufweisen. Es empfiehlt sich dazu, das unter dem Heuschober befindliche lose Gras mit dem Rechen zu entfernen.

ENTLADEN Das Gras auf dem Heuschober belassen, bis es für die Einlagerung ausreichend trocken ist, also mindestens vier Tage, aber auch je nach Wetter 10–14 Tage. Die Heuschober können entweder von oben mit einer Heugabel entladen werden oder direkt auf einen Heuwagen oder man entfernt die Querstäbe, wodurch das Heu frei zu Boden fällt und einen Haufen bildet, der dann direkt verladen wird.

PRO Leicht zu lagern, leicht zu transportieren, einfach zu installieren, vollständig aus Holz (kein Draht, keine Nägel), kann auch zum Trocknen von Kleingetreidebündeln verwendet werden.

KONTRA Erfordert Vortrocknung, da das Gras sonst abrutscht und sich im unteren Teil Schimmel bildet. Nicht verwendbar bei mageren, steinigen Böden.

HEUHÜTTE

KONSTRUKTION Heuhütten sind vierbeinige, zusammenklappbare Heureiter, die aus zwei aneinandergelehnten und am oberen Ende verschraubten oder über Gewindebolzen verbundenen Hälften bestehen. An jeder Hälfte sind drei Querlatten befestigt, die das Heu halten. Zusammengeklappt ist die Heuhütte 2 m hoch, aber die Pfosten oder Latten für den Rahmen müssen 2,1 m lang sein, da die Hälften schräg stehen und am Boden ca. 1,8 m Abstand voneinander aufweisen. Die unterste Querlatte ist 2 m lang, die mittlere 1,8 m und die obere 1,6 m. Die Querlatten befestigt man in Abständen von 30 cm an den Pfosten, die unterste mindestens 60 cm über dem Boden. Traditionell werden Heuhütten aus Tannenzweigen mit 5–7,5 cm Durchmesser gefertigt, dickere Zweige für den Rahmen, dünnere für die Querlatten. Die Befestigung kann beliebig gewählt werden: verschnüren, dübeln, schrauben o. Ä. Der Abstand der Querlatten voneinander sollte nicht zu groß sein, denn das würde eine Überladung der einzelnen Latten erfordern, wodurch eine luftige Packung des Grases nicht möglich ist, was wiederum Schimmelbildung begünstigt. Es ist besser, mehr Querlatten in engeren Abständen zu montieren als weniger, die dann zu dicht bepackt sind.

BENÖTIGTE ANZAHL PRO HEKTAR 75–150, für regennasses Gras werden mehr benötigt, für vorgetrocknetes weniger.

AUFBAU AUF DEM FELD Zunächst auf dem Feld 2 m breite Wege im Abstand von 9–14 m für Heuhüttenreihen einrichten. Mit dem Wagen mehrere Heuhütten transportieren oder einzelne mit der Schubkarre. So aufstellen, dass die Öffnung des Dreiecks an der überwiegend vorherrschenden Windrichtung ausgerichtet ist.

BELADEN Es geht schneller, wenn auf jeder Seite eine Person steht. Man beginnt mit einer Heugabelladung für jedes Ende der unteren Querlatten. Dann füllt man die Mitte mit ein bis zwei Gabelladungen auf. Die Heugabel beim Beladen nicht wenden. So halten wie beim Aufgabeln, dann das Heu locker auf der Heuhütte abschütteln oder streifen. Bei der oberen Querlatte wird in der Mitte begonnen und zum Ende hin weitergearbeitet, dabei überlappen sich die Gabelladungen wie Dachpfannen. Entstandene Löcher auffüllen und auf den Boden hängende Grashalme mit der Heugabel «wegfegen». Dieses Gras kann als Abdeckung oben auf die Heuhütte gelegt werden, aber nicht, wenn das Gras vom Regen durchnässt ist. Je nasser das Gras ist, umso weniger sollte die Heuhütte beladen werden. Häufige Fehler: die Heuhütte überladen; die Abdeckung zu groß und zu dicht packen; die Giebelseite überladen, was die Luftzirkulation beeinträchtigt; Löcher im Grasbehang der Querlatten lassen, wodurch keine solide, wetterfeste Wand entsteht.

ENTLADEN Das Gras auf der Heuhütte belassen, bis es für die Einlagerung ausreichend

54 Heuhütte

55 Alternative Heuhütte

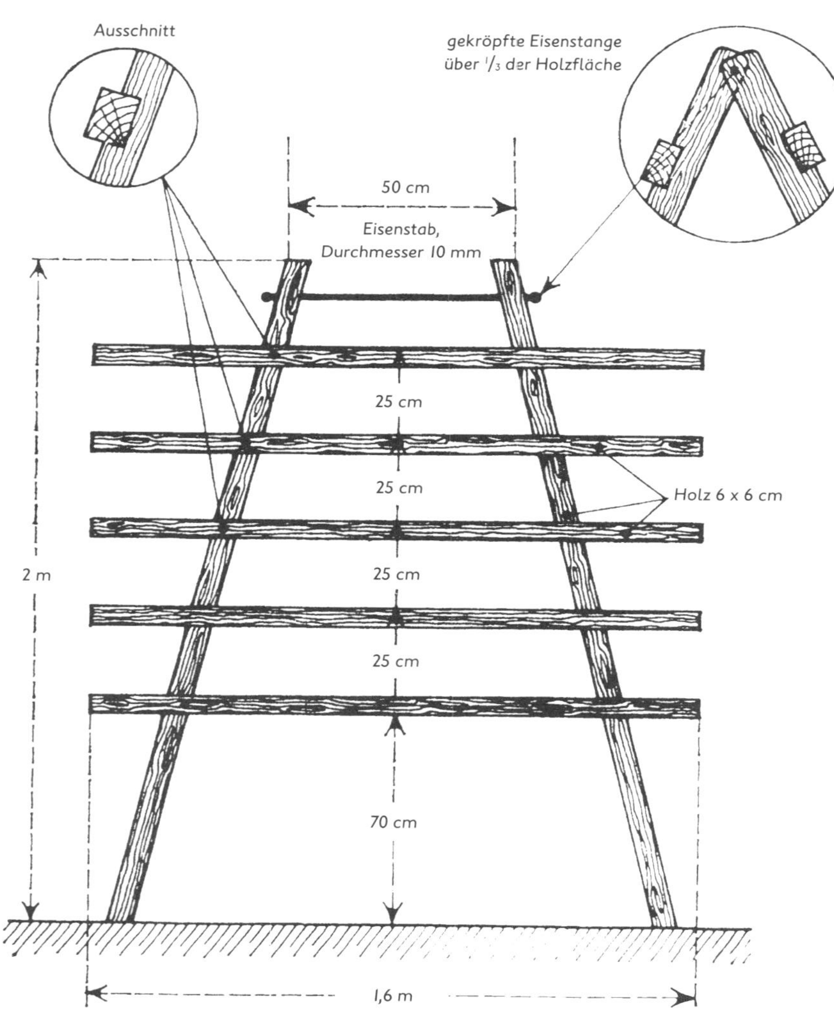

trocken ist, also mindestens vier Tage, bei unbeständigem Wetter acht oder mehr Tage. Es mag sinnvoll erscheinen, das Gras nach Regen von der Heuhütte zu nehmen und erneut am Boden auszubreiten, aber dieser zusätzliche Schritt ist unnötig und beschädigt das Heu (Bröckelverluste), es sei denn, es hat so lange und sehr viel geregnet, dass das Risiko von Schimmelbildung zu groß ist, wenn nicht umgehend getrocknet wird. Heuhütten werden auf dem Feld unmittelbar in die Karre oder auf den Heuwagen entladen oder man dreht sie einfach um und schüttelt das Heu ab, um es dann zusammenzurechen und mit der Heugabel auf das Transportmittel zu laden.

PRO Weitestgehend aus Holz, Konstruktion erfordert keine großen Fertigkeiten; einmal gebaut, stehen Heuhütten immer zur Verfügung; sie können auch auf mageren, steinigen Böden verwendet werden (Sie müssen nicht im Boden verankert werden); bei optimaler Beladung funktioniert die Luftzirkulation sehr gut, wodurch schnelle und gleichmäßige Trocknung gewährleistet ist; kann auch zum Trocknen von Kleingetreidegarben verwendet werden.

KONTRA Bei Überladung neigt das Heu in der Abdeckung und entlang der unteren Querlatte zum Schimmeln; schwierig aufs und vom Feld zu transportieren; erfordert viel Lagerkapazität.

SCHWEDENREUTER MIT DRAHT ODER LATTEN

KONSTRUKTION Für Schwedenreuter mit Draht verwendet man Pfosten (1,8 m lang) mit 4–5 Kerben, das untere Ende ist angespitzt. Die unterste Kerbe befindet sich auf einer Höhe von ca. 1 m, die weiteren jeweils ca. 40 cm höher, die oberste sollte etwa 5–10 cm vom oberen Rand entfernt sein. Als Material zum Aufhängen des Grases wird vollverzinkter Eisendraht (3 mm Durchmesser) verwendet, den man zwischen die Pfosten spannt. Für Schwedenreuter mit Draht eignen sich auch T-Pfosten aus Metall. Die Abmessungen für Schwedenreuter mit Latten sind entsprechend, nur verwendet man statt Draht Metallstangen oder Holzlatten, die mit Dübeln, Nägeln oder Ähnlichem an den Pfosten befestigt werden.

BENÖTIGTE ANZAHL PRO HEKTAR

DRAHT: ca. 250 Pfosten und 3960 m Draht sowie Material zur Verankerung (Pflöcke, Ketten, Haken, Ringe).

LATTEN: 200–300; 3,6 m lang.

AUFBAU AUF DEM FELD UND BELADEN

DRAHT Zunächst Ausrichtung, Anzahl und Länge der geplanten Schwedenreuter festlegen. Für maximale Stabilität sollten sie so orientiert sein, dass der Wind parallel an ihnen entlangbläst («am Heu entlang, nicht in das Heu»). Der Abstand sollte 10–15 m betragen, je höher die Beladung, umso größer der Abstand. In Abhängigkeit von Größe und Lage des Feldes sind typische Schwedenreuter 30–50 m lang.

Jeder Reuter erfordert gut 45 cm Bodenbreite, die frei ist von gemähtem Gras. Mit einem Doppelspaten alle 4–5 m ein 30–40 cm tiefes Loch ausheben. Wenn die Pfosten relativ kurz sind, können sie auch ohne Löcher mit dem Hammer in den Boden geschlagen werden. An Anfang und Ende der Reuter jeweils einen zusätzlichen Pfosten oder T-Balken als Verankerung in den Boden rammen.

Mit dem Verspannen des Drahts am unteren Ende beginnen. Den Draht wie in der Abbildung durch die Kerben ziehen und an den Verankerungspfosten an den Enden des Reuters mit geeigneten Maßnahmen befestigen und verspannen. Den ersten Draht über die gesamte Länge beladen, bevor der nächste installiert wird. Wird zu zweit gearbeitet, kann von beiden Seiten gleichzeitig beladen werden. Vorgetrocknetes Gras kann dichter beladen werden, frisch gemähtes, nasses Gras weniger dicht. Ist der erste Draht voll, wird der nächste gespannt und so weiter. Dann die Pfosten mit weiterem Gras abdecken, damit der Regen nicht an ihnen herunterlaufen kann. Als zusätzlichen Schutz bei starkem Wind können weitere Pfosten seitlich vertikal gegen den Reuter gestellt werden.

LATTEN Identische Vorgehensweise wie bei Drahtverspannung, nur dass das Gras um die Querstangen herum drapiert wird, um die Latten zu stabilisieren. Die Schwedenreuter können auch im Zickzack aufgestellt werden, was ebenfalls die Stabilität erhöht.

ENTLADEN

DRAHT Das Heu soll bis zur endgültigen Einlagerung auf dem Schwedenreuter verbleiben. Dann wird es entweder direkt in Karre oder Heuwagen entladen oder als Heuhaufen auf dem Boden zwischengelagert und unmittelbar mit der Heugabel aufgeladen.

LATTEN Geht zu zweit am besten. Jede Person fasst ein Ende der Querstange und das Heu wird auf den Boden gekippt.

PRO Schwedenreuter können mit tau- und regennassem, sogar tropfnassem Gras behangen werden. Sie sind die einzigen Trockengerüste, die das Heumachen und -trocknen auch während länger anhaltender Regenperioden ermöglichen.

KONTRA Zeitintensiver Aufbau.

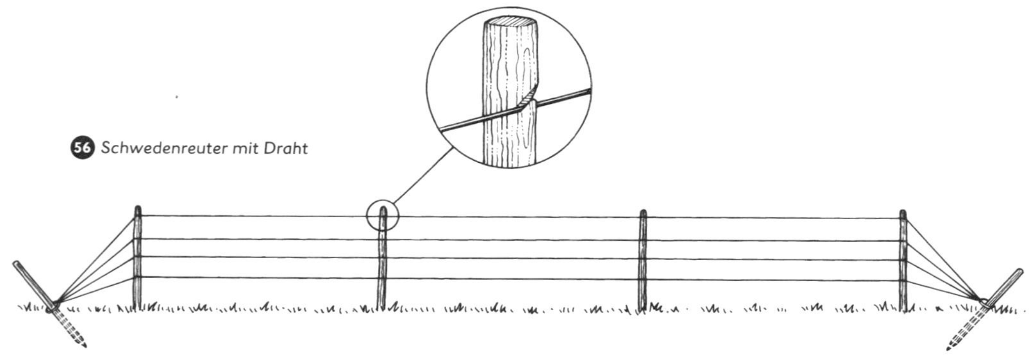

56 *Schwedenreuter mit Draht*

Die optimale Methode finden

Keine dieser Trocknungsmethoden ist ideal für jede Situation – jede hat Vor- und Nachteile. Die jeweiligen Anforderungen vor Ort bestimmen die Wahl. In der nachfolgenden Tabelle finden Sie eine Zusammenstellung der jeweiligen Vor- und Nachteile der hier vorgestellten Methoden (entnommen aus Richard Geith, «Die sichere Heuernte»).

Auf den ersten Blick scheinen Schwedenreuter die optimale Lösung für jede Situation zu sein: Das Gras kann beim Aufhängen vom Regen durchnässt sein, Atmungsverluste werden durch schnelles Trocknen minimiert, Bröckelverluste werden minimiert, weil das Heu nie gewendet wird, Auswaschungen werden minimiert durch überlappende Beladung und gute Luftzirkulation minimiert die Verluste durch Fermentation, Überhitzung und Schimmelbildung. Allerdings sind Schwedenreuter auch die teuerste und arbeitsintensivste Variante. Hat man kostenlos Holz zur Verfügung, große Lagerkapazitäten und unkomplizierte Transportwege, wären möglicherweise Heuhütten die bessere Wahl, mit denen man nahezu alle Vorteile der Reuter hat, aber auf das immer neue, aufwendige Aufbauen für jedes Heumachen verzichten kann. Hat man zwar Holz zur Verfügung, aber geringe Lagerkapazitäten, sollte man Tiroler Heuschober verwenden, aber bei Regen auf Schwedenreuter ausweichen. Auf jeden Fall kann es nützlich sein, unterschiedliche Varianten auszuprobieren, um sich flexibel den Wetterbedingungen anpassen zu können.

Trocknungsmethode	Mähen bei Regen?	Atmungsverluste	Risiko von Bröckelverlusten	Risiko von Auswaschungen bei Dauerregen	Verluste durch Fermentation/Überhitzung	Risiko von Schimmelbildung bei Dauerregen
Boden	*nein*	*ja*	hoch	*durchschnittlich, wenn die Schwadenbildung rechtzeitig erfolgt; hoch, wenn nicht*	*gering bei gutem, hoch bei schlechtem Wetter*	hoch
einfacher Heureiter	*ja*	*minimal*	*gering*	durchschnittlich	gering bei gutem, hoch bei schlechtem Wetter	hoch
Tiroler Heureiter	nein	minimal	gering	gering	gering	durchschnittlich
Heuhütte	ja, bei geringer Beladung	minimal	gering	gering	gering	gering bei geringer Beladung; hoch bei dichter Beladung
Schwedenreuter	ja	minimal	gering	gering	gering	gering

Zeitpunkt des Heumachens

Nährstoffgehalt, Verdaulichkeit und Ertrag des Heus hängen vom Zeitpunkt des Heumachens ab. Frühe Ernten liefern Heu mit leichter verdaulichen Proteingehalten, während spätere Ernten bessere Erträge liefern. Die Quantität des Heus verwechselt man leicht mit Qualität und Quantität der verdaulichen Nährstoffe. Mit anderen Worten: Große Mengen an Heu aus einer späten, nährstoffarmen Mahd, das den Appetit der Tiere nur unzureichend anregt, liefert möglicherweise geringere Mengen an gut verdaulichen Nährstoffen als nur halb so viel Heu aus jungem, früh gemähtem und nährstoffreichem Gras. Unmittelbar nach der Blüte, mit Beginn der Samenreifung, fangen die Pflanzen an zu verholzen, der Rohfasergehalt steigt, die Verdaulichkeit wird schlechter. Je intensiver die Verdauungsarbeit, die der Körper der Tiere leisten muss, umso weniger trägt die Nahrung zu Gesundheit und Produktivität bei.

Hier wird deutlich, wie wichtig es ist, sich bei der Produktion von hochwertigem Winterfutter weitestgehend vom Wetter unabhängig zu machen. Wenn Sie nur bei idealem Wetter Heu machen können, kann das gutgehen, mitunter werden Sie aber auch mit der Heuernte warten müssen, bis der Anteil an verdaulichen Nährstoffen im Heu auf ein Drittel oder mehr zurückgegangen ist. Im Laufe der Zeit wird die Qualität Ihres Winterfutters schlechter sein, als wenn Sie sich mit Heureitern weitestgehend vom Regen unabhängig machen.

Lässt man den Aspekt Wetter für einen Moment unberücksichtigt und nimmt das Pflanzenwachstum als Hauptkriterium, dann ist die ideale Zeit für das Mähen, wenn die wichtigsten Gräser zu blühen beginnen. Die wichtigsten Gräser sind diejenigen, die den Hauptnährstoffanteil im Heu bestimmen und deren Wachstumsperiode die ausschlaggebende sein sollte. Wenn Sie aber nur ein Einmannbetrieb sind und die Heuernte sich über einen Zeitraum von zwei bis drei Wochen oder über die gesamte Wachstumsperiode erstreckt, sollte mit der Ernte unmittelbar vor der Blüte der wichtigsten Gräser begonnen werden. Sie erzielen so durchschnittlich gute Futterqualität um die Blütezeit der jeweiligen Gräser herum, von denen dann manche vor und andere nach der Blüte stehen. Nutzen Sie unbedingt alle halbwegs geeigneten Wetterphasen zum Heumachen, auch wenn der Nachbar noch nicht begonnen hat. Frühe Ernten mögen geringere Erträge bringen, aber das Winterfutter wird beste Qualität haben. Eine frühe erste Mahd sorgt zudem für bessere Erträge bei der zweiten und dritten (oder macht die dritte überhaupt erst möglich) und unterdrückt übermäßige Aussaat unerwünschter Wildkräuter.

Beobachten Sie Ihr Feld beim Heumachen gut, denn das kann Ihre Entscheidung für den richtigen Zeitpunkt erleichtern. Vielleicht blühen gerade Wildpflaumen oder andere Pflanzen, wenn Sie mähen. Obwohl die verschiedenen Pflanzen auf Klimaveränderung unterschiedlich reagieren, werden Sie mit der Zeit auch die Zusammenhänge zwischen den Wachstumsphasen der Wildpflanzen und Ihren kultivierten Pflanzen erkennen und die Erkenntnisse für Ihre Ernte nutzen können.

Vor allem ist es wichtig, dass Sie Ihren eigenen Zeitplan für die Heuernte entwickeln. Vermutlich sind Sie die einzige Person in Ihrer Gegend, die das Heu von Hand einbringt, insofern macht es keinen Sinn, sich an den Landwirten zu orientieren, die mit Maschinen arbeiten. Sie werden vermutlich deutlich früher beginnen müssen.

Eine Wiese mit voll beladenen Heuhütten, alle so ausgerichtet, dass der Wind zum Trocknen und Belüften durch die Öffnungen bläst.

Schwedenreuter aus Holz, im rechten Winkel zueinander aufgestellt, sehen aus wie Heuwälle auf dem Feld.

Graswachstum und S-Kurve

Ein weiterer wichtiger Faktor, den es bei der Wahl des Zeitpunkts für die Mahd zu berücksichtigen gilt, ist die S-förmige Wachstumskurve bei Graspflanzen (wie bei allen Organismen). Wenn die Wiesenpflanzen gemäht werden, erfolgt das anfängliche Nachwachsen nicht durch Fotosynthese, sondern durch die in den Resten der Halme und in den Wurzeln gespeicherte Energie und Nährstoffe. Die Wurzeln sterben ab, sobald neue Sprösslinge vorhanden sind, die Blätter ausbilden und über die Fotosynthese das Wachstum vorantreiben können. Sobald die Blattoberfläche die sogenannte kritische Masse erreicht, beschleunigt sich das Wachstum, bis die Pflanze ausgewachsen ist und über ausreichend überschüssige Energie verfügt, um vom Wachstum zur Reproduktion zu wechseln (Wechsel von vegetativem zu generativem Wachstum).

Wenn das Gras unmittelbar vor der Blüte geerntet wird, hat die Pflanze die Phase des schnellen Wachstums gerade hinter sich und beginnt den Wachstumszyklus von vorn. Wird die Ernte genau zu diesem Zeitpunkt angesetzt, wenn sich die Wiesenpflanzen gerade noch in der Periode des Wachstums befinden, fällt der Ernteertrag deutlich größer aus, als wenn das Gras vor oder nach dem «Ellenbogen» der S-Kurve geerntet wird.

In Gebieten mit kontinentalem Klima ist das Wachstum von Gras im Frühjahr am stärksten. Mit zunehmender Sommerhitze lässt die Wachstumsgeschwindigkeit im Allgemeinen nach, da das Wachstum der einzelnen Pflanzen dann um die Mittagszeit stagniert, um eingelagertes Wasser zu sparen. Das bedeutet, die Abstände zwischen den Heuernten werden mit fortschreitender Wachstumsperiode größer. Unzureichende Pausen zwischen den Ernten führen zu geringeren Erträgen und nährstoffärmerem Gras.

André Voisin schreibt in «Grass Productivity»: «Junges Gras, das jede Woche gemäht wird:
1 ist sehr reich an Rohproteinen,
2 hat einen geringen Gehalt an Rohfasern und Ballaststoffen,
3 ist verhältnismäßig reich an Kalium und Phosphor und relativ arm an Kalzium,
4 weist ein enges Nährstoffverhältnis auf (Verhältnis verdauliches Rohprotein zu Stärke), d. h., der Anteil an Protein … ist viel zu hoch im Verhältnis zu den Nährstoffeinheiten.»

Betreibt man vernünftige oder ganzheitliche Beweidung, macht man Heu auf Weiden, die zu Beginn der Wachstumsperiode, wenn das Gras am schnellsten wächst, aus der Rotation genommen werden. Diese Beweidungsmethode erfordert allerdings ausreichend viele Weiden, um die zunehmenden Ruhephasen berücksichtigen zu können. Da diese zu Beginn der Wachstumsperiode kurz sind, können nicht alle Weiden abgegrast, sondern müssen gemäht werden, damit die Ruhephasen nicht zu lang sind, wenn später beweidet wird. Machen Sie sich diesen Umstand zunutze, indem Sie von dieser Mahd Heu machen. Vergewissern Sie sich, nicht dieselben Weiden in aufeinanderfolgenden Jahren aus der Beweidungsrotation zu nehmen, um die Pflanzenvielfalt zu erhalten und hohe Erträge zu gewährleisten.

«In Wiesen und Weiden» schrieb Ernst Klapp 1954: «Als wichtigster Aspekt ökonomischer Weidewirtschaft ist zu berücksichtigen, dass die Flora einer Weide extrem formbar ist und sich daher in Abhängigkeit von der angewendeten Bewirtschaftungsmethode äußerst schnell verändert.» Klapp demonstrierte, dass die Anzahl der jährlichen Ernten die Zusammensetzung der Flora beeinflusst. Die nachstehende Tabelle zeigt, dass mit steigender Anzahl der Ernten der Ertrag an Wiesen-Schwingel stärker zurückgeht als der Ertrag an Weiß-Klee (nach Voisin, 1959).

Experimente, die in den 1940er-Jahren auf Feldern mit Wiesen-Rispengras und Weiß-Klee durchgeführt wurden, zeigten, dass der Prozentsatz an Weiß-Klee im Feld zwischen 1–80 % schwanken kann, je nachdem, wie die Bewirtschaftung erfolgt.

Deutscher Name	Wissenschaftlicher Name	Relativer Ertrag bei 2–3 Ernten pro Jahr	Relativer Ertrag bei 4–6 Ernten pro Jahr	Relativer Ertrag bei 7–13 Ernten pro Jahr
Weiß-Klee	*Trifolium repens*	100	64	58
Wiesen-Rispengras	*Poa pratensis*	100	96	35
Ausdauerndes Weidelgras	*Lolium perenne*	100	68	31
Knäuelgräser	*Dactylis*	100	67	31
Rot-Schwingel	*Festuca rubra*	100	65	25
Wiesen-Schwingel	*Festuca pratensis*	100	57	18
Sumpf-Rispengras	*Poa palustris*	100	19	8

Bodentrocknung optimieren

Bei sonnigem, trockenem Wetter, das eine Trocknung in drei Tagen verspricht, und wenn Sie einer falschen Wetterprognose entspannt entgegensehen und es Ihnen nicht so wichtig ist, den Erstschnitt innerhalb von einem oder zwei Tagen zu bewältigen, dann macht es keinen Sinn, Heureiter aufzustellen, nur um das Risiko von Bröckelverlusten zu reduzieren. Wenn alle anderen Bedingungen perfekt sind, dann ist der Einsatz von Heureitern nur mit zusätzlicher Arbeit bei relativ geringen Vorteilen verbunden.

Zu dem Aspekt, das Heu über Nacht zusammenzurechen und am nächsten Morgen wieder zum Trocknen auszubreiten, gibt es sehr unterschiedliche Meinungen. Es bedeutet zusätzliche Arbeit und besonders am letzten Tag steigt das Risiko von Bröckelverlusten stark. Es scheint also verführerisch, das Heu nur einmal direkt nach der Mahd zu wenden und dann so liegen zu lassen, bis es eingebracht werden kann. Berücksichtigen Sie bitte die folgenden Vorteile der Schwadenbildung über Nacht, bevor Sie Ihre Entscheidung treffen:

- Sie heben den größten Teil des Grases vom Boden ab, sodass die Kapillarwirkung weitestgehend unterbunden wird und damit die Aufnahme von Bodenfeuchtigkeit.
- Zu Schwaden aufgestelltes Gras ist besser vor Auswaschungen durch unvermuteten Regen geschützt.
- Morgendlicher Tau legt sich nur auf die Oberflächen der Schwaden, wodurch der Großteil des Grases nicht benetzt wird und die Trocknung schneller und gleichmäßiger erfolgt.
- Der Boden trocknet am Morgen schneller ab.
- Das Gras in den Schwaden fermentiert über Nacht leicht, wodurch es wärmer wird, was die Trockenzeiten verkürzt.
- Durch das morgendliche Wiederausbreiten wird das Gras automatisch gewendet, was für gleichmäßige Trocknung sorgt.

Wägen Sie diese Vorteile ab und stellen Sie ihnen die Mehrarbeit und das Risiko größerer Nährstoffverluste gegenüber. Bedenken Sie auch, dass die Schwadenbildung nur vor kurzen Regenperioden schützt. Kommt ein starker, unerwarteter Sturm, sollten Sie Heureiter aufstellen.

Gerüsttrocknung optimieren

Manchenorts kann man nie sicher sein, ob das Heu vor dem nächsten Regen trocknet. Hier können Heureiter die Ernte vor Nährstoffverlusten bewahren, sei es direkt durch Auswaschung oder indirekt durch Bröckelverluste, Fermentation oder Schimmelbildung.

Heureiter bieten die naheliegendste und sicherste Methode, damit man mit dem Mähen jederzeit beginnen kann, ohne dass Regen alles ruiniert. Sie sind eine deutliche Verbesserung gegenüber dem Zusammenrechen zu Schwaden und ermöglichen die Produktion von qualitativ hochwertigem Winterfutter auch bei Regen. Das Aufstellen der Heureiter ist natürlich ein zusätzlicher Arbeitsschritt, ich persönlich bin allerdings sehr dankbar dafür, dass es diese Möglichkeit gibt. Was hat man denn davon, die Heuernte eine oder zwei Wochen zu spät zu beginnen und dann mit Bodentrocknung zwar weniger Arbeit, dafür aber faserreiches, proteinarmes Futter zu ernten, das die Tiere kaum fressen? Die Nährstoffe, die durch die Gerüsttrocknung bewahrt werden, rechtfertigen diesen zusätzlichen Aufwand allemal. Und wenn das Aufstellen der Heureiter zu einer Ihrer Routinen beim Heumachen geworden ist, werden Sie es nicht mehr als Mehraufwand empfinden und kontinuierlich bestmögliches Winterfutter ernten.

Blattreiches Futter, wie Klee oder Luzerne, sollte stets auf Heureitern getrocknet werden, um Bröckelverluste zu vermeiden. Frühe erste Ernten und späte dritte Ernten sollten ebenfalls immer auf Gerüsten getrocknet werden, da die Sonne weniger Kraft hat und das Wetter zu kühl ist, um das Gras am Boden zu trocknen, bevor es verschimmelt. In Regionen mit nahezu täglichen Regenfällen funktioniert das Heumachen grundsätzlich nur mit Heureitern.

Nur der Einsatz von Heinzen macht an den nach Osten und Norden gerichteten Berghängen der Alpen die Heugewinnung überhaupt möglich.

KAPITEL 9 GETREIDE ANBAUEN

Anders als die Heuernte, kann Getreideanbau ohne große Maschinen schnell zu einer anstrengenden, entmutigenden und mühsamen Erfahrung werden. Jedes Jahr muss das Saatbett vorbereitet und die Saat ausgebracht werden. Wenn das Korn reif ist, müssen die Halme mit einer Sense oder Sichel geschnitten, dann zu Garben gebunden und zum Trocknen aufgestellt werden. Das Getreide wird dann von den Ähren gedroschen, entweder mit einem Dreschflegel oder einem Trommeldrescher. Das Korn ist dann noch voller Spreu und anderen Verunreinigungen, sodass geworfelt werden muss. Handelt es sich um ein Hülsengetreide, muss es vor der Zubereitung auch noch geschält oder enthülst werden. Also, warum sollte man sich das antun?

Erst nachdem ich all diese Dinge selbst getan hatte, begriff ich, dass ich nicht weiterhin ausreichend Getreide von Hand anbauen und verarbeiten wollte, um damit meinen Lebensunterhalt zu verdienen. Dennoch kann jeder einzelne Schritt mit der passenden Einstellung und in Maßen viel Freude bereiten. Vielleicht beschließen Sie aber, dass die Versorgung Ihrer Familie mit ausreichend Getreide schon nicht mehr dem Aspekt «in Maßen» entspricht, wenn Sie sehen, mit wie viel Arbeit das Ganze verbunden ist.

Bedenkt man, dass wir meist in unseren Gemüsegärten Gewürzkräuter und Beilagen anbauen, ist der Sprung zum Getreideanbau für selbst gebackenes Brot, für selbst gebrautes Bier, als Hühnerfutter sowie für die Kompostierung ein wirklich erheblicher Schritt in Richtung Lebensmittelautonomie, ökonomischer Unabhängigkeit und ökologischer Verantwortung. In umgegrabenen (umgebrochenen), biointensiven Saatbetten lassen sich Ernteerträge von bis zu 11 kg pro 9 m² erzielen, was bedeutet, Sie können ein Jahr lang jede Woche 700 g Brot backen (für ein 700-g-Brot benötigt man ca. 450 g Getreide), wenn Ihnen 18,5 m² zur Verfügung stehen.

Welches Getreide?

Unterschiedliche Getreidesorten weisen unterschiedliche Vor- und Nachteile auf (Nährwert, Umweltbedingungen, landwirtschaftliche Voraussetzungen usw.) sowie weitere Kriterien, die es zu berücksichtigen gilt, bevor man sich für eine Sorte entscheidet. Sie müssen wissen, ob die ausgewählte Anbaupflanze den Bedürfnissen Ihres Viehbestands in gewünschter Weise gerecht wird, ob sie sich für Ihre Region eignet und was Sie für Kultivierung und Ernte tun müssen.

Es gibt Winter- und Sommergetreide. Bei Wintergetreide handelt es sich im Grunde um zweijährige Pflanzen, denn sie werden im Spätsommer oder frühen Herbst des ersten Jahres gepflanzt, wachsen ausreichend, um dann über den Winter ruhen und im Folgejahr schossen zu können. Auch wenn die Wachstumsperioden von zwei aufeinanderfolgenden Kalenderjahren involviert sind, beträgt der Lebenszyklus doch weniger als zwölf Monate. Die Zeit der Aussaat ist vorteilhaft, da das Aufwühlen des Bodens zu einem saisonal derart späten Zeitpunkt den Lebenszyklus vieler Wildkräuter unterbricht. Darüber hinaus wird Wildkraut, das nach der Saat noch keimt, meist vom Winterwetter zerstört, was bedeutet, dass Ihr Wintergetreide – dessen Wurzeln sich schon im Boden etabliert haben und dessen Blätter schon einen großen Anteil des Bodens bedecken und somit vom Sonnenlicht profitieren – im Frühjahr gegenüber dem Wildkraut erheblich im Vorteil ist.

Sommergetreide ist dagegen einjährig, d.h., es wird im selben Kalenderjahr gesät und geerntet. Wildkraut hat eine bessere Chance, sich in einer Sommergetreideanpflanzung zu etablieren, denn man kann den Wachstumszyklus kaum unterbrechen und auch nicht vom Winterwetter profitieren. (Es gäbe die Chance dazu, würde man im Vorjahr den Boden zu Saisonende beackern und auf dem Acker Wildkraut wachsen und zum Winter hin absterben lassen. Doch sind die Verluste an organischen Bodensubstanzen und durch Erosion auf beackerten, aber unbepflanzten Böden über Winter so hoch, dass sich die Vorteile dieser Vorgehensweise in Grenzen halten.) Sommergetreide ist generell schwieriger, von Hand zu kultivieren, als Wintergetreide, aber es kann durchaus gelingen und es gibt viele Sorten zur Auswahl.

ROGGEN Roggen gehört zur Familie der Süßgräser und eignet sich bestens zur Kultivierung von Hand. Es ist ein äußerst robustes Wintergetreide und profitiert stark von der Wildkrautvernichtung durch den Winter (Auswinterung). Roggen wächst sehr hoch (1,8 m und mehr), wodurch der Boden sehr gut beschattet wird. Die Wurzeln scheiden allelopathische Stoffe ab, wodurch das Wachstum von Wildkraut zusätzlich erschwert wird. Roggen wächst auf nahezu jedem Boden und ist wenig anfällig für Rost. Der Hauptnachteil von Roggen – seine Anfälligkeit für die Pilzerkrankung «Mutterkorn» – ist bei der Kleinmengenkultivierung leicht in den Griff zu bekommen: Man entfernt das Mutterkorn beim Dreschen einfach von Hand.

Roggen weist gegenüber anderen Getreidesorten einen hohen Anteil an Faserstoffen auf – nicht nur in der Kleie, sondern auch im Endosperm, im Nährgewebe. Als Resultat ist der glykämische Index von Roggenprodukten niedriger als der von Weizenprodukten und anderen Getreidesorten, wodurch Roggen besonders gesund für Diabetiker ist.

Roggen kann nahezu überall angebaut werden, er akzeptiert viele Klimaextreme. Er wächst in Bergen und Tälern, verträgt sowohl kontinentales als auch maritimes Klima. Er toleriert nasses, kühles, bewölktes Klima besser als Weizen, gedeiht aber auch in heißen, trockenen Sommern aufgrund seiner Fähigkeit, Flüssigkeit in seinem ausladenden Wurzelsystem zu speichern und hohen Druck zu erzeugen, um Wasser mittels Kapillarwirkung aufzunehmen. Problematisch für Roggen sind nur wasserdurchtränkte Böden mit schlechter Drainage.

Roggen kann man im Garten nach Kartoffeln oder ähnlichen Feldfrüchten aussäen, die ausreichend früh geerntet werden, sodass keine Brachen entstehen und das Areal im Garten optimal genutzt wird.

Roggen sollte bei Gelbreife geerntet werden, da er nach dem Schnitt noch nachreift. Bis zur Vollreife zu warten, birgt die Gefahr, den Ertrag durch vom Halm abfallende Körner zu verringern. Der geschnittene Roggen kann in Getreidegarben oder auf Heureitern nachreifen, im optimalen Fall deckt man ihn dazu ab.

WEIZEN, ALTE UND MODERNE SORTEN
Die alten Weizensorten weisen eine größere Nährstoffdichte auf als die modernen. Letztere wurden zum Zweck der Ertragssteigerung so intensiv durch selektive Züchtung verändert, dass sie kaum noch etwas mit ihren alten Verwandten Emmer, Einkorn, Dinkel und Khorasan-Weizen (Kamut) gemeinsam haben. Obwohl man mit modernem Weizen höhere Erträge erwirtschaftet als mit den alten Sorten, ist die Qualität deutlich schlechter, denn Vitamine, Mineralien und Spurenelemente sind stark reduziert. Es heißt sogar, dass Menschen, die an Zöliakie leiden, trotzdem Emmer essen können und zwar aufgrund seiner besser verdaulichen Glutenstruktur.

Das Problem mit alten Getreidesorten sind die Hülsen. Abgesehen vom Khorasan-Weizen haben alle diese Sorten Hülsen, die hart, holzig, ungenießbar und ohne Maschinen schwer zu lösen sind. Man kann eine Getreidemühle notfalls zu einem Getreideschäler (siehe Hersteller und Lieferanten) umfunktionieren, was Sie unbedingt tun sollten, falls Sie sich für diese Getreidesorten entscheiden. Schälen bedeutet aber immer einen zusätzlichen Arbeitsschritt.

Wenn Sie eine alte Weizensorte auf einem ganzen Feld anbauen wollen (selbst wenn es nur ein kleines Feld ist), ist Khorasan-Weizen möglicherweise die beste Wahl. Allerdings profitiert dieses Sommergetreide nicht von der Auswinterung des Wildkrauts, also sorgen Sie für entsprechende Untersaat, die das Wildkraut minimiert. Möchten Sie eine alte Weizensorte im Garten kultivieren und streben nur einen Ertrag von 45 kg oder weniger an und das Schälen schreckt Sie nicht ab, dann sollten Sie es mit Emmer, Einkorn oder Dinkel versuchen.

DINKEL Dinkel ist mit Roggen eine der robustesten Getreidearten. In normalen Jahren sind die Erträge zwar geringer als beim Weizen, aber da ihm extremes Wetter kaum etwas anhaben kann, übersteigen die Erträge in sehr heißen, kalten, nassen oder trockenen Jahren die von Weizen bei Weitem. Dinkel ist auch weniger empfindlich hinsichtlich unterschiedlicher Bodenbeschaffenheiten oder verspäteter Saat. Mit anderen Worten, Dinkel ist extrem flexibel und die Ernten vergleichsweise gut auch unter schlechteren Bedingungen. Nur saure oder sandige Böden machen ihm zu schaffen.

Dinkel wird später gesät als Winterweizen, am besten im Herbst, wenn das Wetter es erlaubt. Er hat schmale Blätter, wodurch zunächst der Eindruck entstehen kann, man hätte zu dünn gesät. Wenn im Frühjahr das Wachstum einsetzt, wird sich das Feld aber schnell füllen. Zu dichter Bestand neigt dazu, sich flachzulegen, und sollte daher im Frühjahr mit einem Bogenrechen bearbeitet werden. Wenn das keine Besserung bringt, kann der Dinkel auch gemäht werden, solange die Bestockung noch nicht eingesetzt hat und man nicht zu dicht am Boden schneidet.

Dinkel sollte nicht vor der Gelbreife geerntet werden, man kann aber auch bis zur Vollreife warten. Bei Vollreife kann er häufig an einem einzigen Tag eingebracht werden, denn er trocknet sehr schnell. Bei sehr trockenem Wetter neigen die Ähren während der Ernte zum Brechen, deshalb sollte in trockenen Jahren früher geerntet werden. Möchte man Grünkern ernten, ein mineralstoffreicher, frühgeernteter Dinkel, der häufig in Suppen verarbeitet wird, sollte die Ernte zur frühen Milchreife stattfinden und das Korn vor dem Schälen vollständig trocknen.

HAFER Getreide mit Schalen bzw. Hülsen erfordert einen zusätzlichen Kultivierungsschritt. Besonders bei Kultivierung von Hand tut man gut daran, solche zusätzlichen Schritte zu vermeiden. So hat man «Nackt-Hafer» gezüchtet, Sorten, deren Spelze, die Schale, minimal ist und beim Dreschen abfällt. Das Korn muss dann lediglich geworfelt werden.

Auch Hafer gedeiht in nahezu jedem Boden und unter verschiedensten Klimabedingungen. Ein kritischer Faktor bei Hafer ist nur die ausreichende Wasserversorgung, was bei sandigen Böden oder hohem Lehmanteil schwierig sein kann. Hafer gedeiht bei kühlem, nassem, für andere Getreidearten ungünstigem Wetter ausgesprochen gut. Je niedriger die Temperaturen bei der Bestockung, umso reicher sind die Ernteerträge. Der Boden für Hafer sollte viel Eisen, Mangan und Phosphor enthalten. Hafer verarbeitet Stickstoff sehr gut, ist etwas empfindlich gegenüber sehr salzhaltigen Böden.

Hafer kann im Anschluss an nahezu alles ausgesät werden, auch nach anderen Süßgräsern, nur zwei Hafersaaten in Folge sollte man vermeiden. Hafer verträgt sauren Boden ebenso wie basischen, gedeiht gut in humusreichen, stickstoffhaltigen Böden und ist ein optimales Getreide, wenn Tiere das Keimbett vorbereiten (siehe S. 120).

Hafer kann auf vollständig durchweichten Böden ausgesät werden. Auf jeden Fall muss nach der Aussaat eine optimale Wasserversorgung gewährleistet sein, weshalb sich mulchen des Saatbetts empfiehlt. Die erforderliche Saatmenge variiert je nach Sorte, da manche Pflanzen wenig Platz benötigen und andere sehr in die Breite wachsen und mehr Platz beanspruchen, was bei der Saatdichte berücksichtigt werden muss.

Hafer wird während der Gelbreife geerntet. Die Ernte sollte nicht zu spät erfolgen, da das Korn sonst leicht von den Ähren fällt. Das Stroh enthält zum Zeitpunkt der Ernte immer noch viel Wasser, deshalb ist es sehr wichtig, Hafer auf Heureitern zu trocknen, was recht lange dauert (ca. 10–14 Tage). Die Gefahr, den Hafer zu früh einzubringen, ist bei heißem, trockenem Wetter äußerst groß, denn man bekommt schnell den Eindruck, die Körner wären trocken, obwohl sie im Inneren noch sehr viel Wasser speichern.

GERSTE Gerste (enthält Gluten) eignet sich hervorragend zur Gewinnung von Malz für selbst gebrautes Bier. Die Nachfrage nach «Craft Beer» (traditionell, in kleinen Mengen gebrautes Bier) und selbst gebrautem Bier steigt stetig.

Natürlich ist selbst gebrautes «Craft Beer» aus Ihrer eigenen Gerste für Sie das ultimative Getränk! Die Standardsorten von Gerste müssen geschält werden, aber es gibt auch hier «Nackt-Sorten», die sich für den Selbstanbau besser eignen. Diese Sorten weisen zwar auch Schalen auf, solange sie noch an den Ähren hängen, sie sind aber nicht sehr fest und lassen sich beim Dreschen wesentlich leichter entfernen als bei Weizen und Roggen. Experimentieren Sie ruhig mit den Varianten, mit der Fruchtfolge und den Wachstumsbedingungen, um Ihr absolut einzigartiges Bier selbst brauen zu können.

Selbst gemachter Haferbrei?

Vielleicht haben Sie Lust, Hafer anzubauen, um Ihren morgendlichen Haferbrei oder Ihr Müsli selbst zu machen? Obwohl es nicht unmöglich ist, ist es dennoch nicht einfach, Haferflocken, wie wir sie kennen, selbst herzustellen. Sie sind normalerweise das Resultat intensiver industrieller Bearbeitung. Kommerziell genutzte Varianten des Hafers sind meist geschälte Körner. Zum Schälen werden die Körner gegen eine Wand geschossen – mit einer exakt eingestellten Geschwindigkeit, bei der die Schale bricht, ohne das Korn zu beschädigen.

Die geschälten Körner (Schrot) werden geröstet, da der Keim durch das Schälen der Luft ausgesetzt wird. Dadurch würden die enthaltenen Öle oxidieren. Durch das Rösten werden sie trotz Luftzufuhr stabilisiert. Vor dem Walzen wird das Schrot gedünstet, um zu vermeiden, dass die Stärke zu Mehl pulverisiert.

Hafer ist glutenfrei, dennoch wird er von Menschen mit Zöliakie aus zwei Gründen gemieden. Zum einen, weil Hafersorten aus dem Laden mit den gleichen Maschinen verarbeitet werden wie andere, glutenhaltige Getreidesorten, wodurch der Hafer sozusagen kontaminiert wird. Zum anderen enthält Hafer ein dem Gluten ähnliches Protein, das sogenannte Avenin, das bei Glutenunverträglichkeit ebenfalls Schwierigkeiten bereiten kann, was dazu führt, dass für betroffene Menschen auch selbst angebauter Hafer nicht in Frage kommt.

Dachstroh kultivieren

Roggen ist aufgrund seiner langen Halme und seiner Rostresistenz das klassische Getreide für Dachstroh. Winterweizen mit unverzüchteter Bestockung (besonders die alten Sorten oder die älteren Varianten der modernen Sorten) eignet sich ebenfalls, vorausgesetzt, die Halme sind ausreichend lang (76–120 cm) und nicht schwammartig. Hafer, Gerste und Sommerweizen sind die schlechteste Wahl. Erntet man früher als üblich, sind die Bündel weniger zerbrechlich und dadurch leichter zu handhaben.

Jacqueline Fearn schreibt in «Thatch and Thatching»: «Das beste Stroh kommt vom Winterweizen aus mittelschweren bis schweren Böden, die nur wenig mit Kunstdünger und Chemikalien behandelt wurden (um die Nitratgehalte zu minimieren) … Es wird vor der Vollreife geerntet, dann gebündelt und für etwa zwei Wochen zu Garben aufgestellt, wodurch Nachreife möglich ist, ohne dass das Stroh geschwächt wird. Nach weiterer Nachreife im Kornspeicher wird der Weizen entsprechend der weiteren Verwendung zu gekämmtem Reet oder Langstroh verarbeitet.»

Umgang mit Wildkraut

Beim Anbau von Getreide ohne Maschinen gibt es einiges, was man sich im Umgang mit Wildkraut zunutze machen kann. Dazu zählen Hühner als Schädlingsvertilger, Untersaat zur Unterstützung des Getreides und Auswinterung.

Hühner sind hervorragende Schädlingsvertilger. Man pflügt den Boden bzw. lässt von Hühnern «pflügen», die Samen der Wildkräuter in den Boden treten und dann macht man zunächst für ein bis zwei Wochen nichts. Während der Zeit keimen diese unerwünschten Pflanzen und wachsen ein wenig. Dann schickt man erneut die Hühner auf die Weide und lässt sie abgrasen, bevor das Getreide gesät wird. Das hat den Effekt, dass die Samenbank des Wildkrauts geschwächt wird, welches dann weniger Kraft hat als das Getreide.

Untersaat wird vor, während oder nach der Aussaat des Getreides als Wachstumspartner in den Boden gebracht. Bei der Auswahl dieser «Begleitpflanzen» als Unterwuchs richtet man sich nach der Eignung und Neutralität gegenüber dem Getreide. Der Unterwuchs muss sich mit dem Licht begnügen, das durch das Getreide hindurchdringt, und soll den Boden möglichst großflächig bedecken, dabei einerseits das Getreide nicht stören, aber andererseits das Wachstum anderer Pflanzen erschweren.

Will man sich die Wildkrautvernichtung durch Auswinterung zunutze machen, sollte man Wintergetreide säen. Es wird im Herbst in den Boden gebracht, kann anwachsen und ist dann ausreichend stark, um den Winter zu überstehen. Viele Wildkräuter, die im Herbst mit dem Wachstum beginnen, sind nicht so robust wie Wintergetreide und werden durch den Frost des Winters abgetötet. Im Frühjahr kann das Getreide dann sehr viel schneller mit dem Wachstum fortfahren, die Anzahl Wildkräuter im Feld ist deutlich zurückgegangen und verlangsamt, was dem Getreide einen deutlichen Wachstumsvorsprung verschafft.

Weitere Faktoren, die das Wildkräuterwachstum im Zaum halten, sind Fruchtwechsel, frühzeitiges Säen, die optimale Menge säen und gleichmäßige Verteilung des Saatgutes. Fruchtwechsel ist wohl der wichtigste Faktor bei der Kontrolle von Wildkräutern, wenn man nicht mit Maschinen arbeitet, obwohl das wohl vorrangig für Getreideanbau im Garten gilt, wo das Wildkraut ohnehin leichter zu handhaben ist.

Bei großflächigem Anbau auf dem Feld ist es wichtig, nicht Jahr für Jahr im gleichen Feld Getreide anzubauen. Selbst wenn alle anderen Maßnahmen gegen Wildkräuter gleich bleiben, wird deren Wachstum kontinuierlich zunehmen, weil sie sich an die Kultivierungsmethoden und die Eigenschaften des Getreides gewöhnen und anpassen. Über kurz oder lang keimen sie unter den gleichen Bedingungen, reagieren in gleicher Weise auf klimatische Einflüsse und nutzen die gleichen Nährstoffe.

Für den Fruchtwechsel gibt es zwei Varianten: Entweder man wechselt Felder und Weiden jährlich oder man verwendet immer dieselben Felder, wechselt aber die Getreideart. Bei der ersten Variante kann man die Fruchtbarkeit der Böden ausnutzen, die mitunter jahrelang nur beweidet und gedüngt wurden (obwohl Roggen und Weizen ohne so viel Stickstoff besser gedeihen; Hafer ist für diese Bedingungen wohl am besten geeignet).

Die zweite Option der Dauernutzung von Feldern hat möglicherweise Standortvorteile wie die Nähe zu Gebäuden, Sonneneinstrahlung oder Fruchtbarkeit des Bodens. Bei dieser Variante gelingt der ideale Fruchtwechsel, wenn man jeweils in einem Jahr den Bedarf der gesäten Getreidesorte für mehrere Jahre decken kann. Man erwirtschaftet z. B. im ersten Jahr einen Dreijahresbedarf an Mais, im zweiten Jahr den Dreijahresbedarf an Hafer und im dritten Jahr den Dreijahresbedarf an Roggen und kann dann im vierten Jahr eine neue Rotation beginnen. Diese Vorgehensweise kann man auch mit einem «mobilen» Feld wählen oder man baut den jeweiligen Jahresbedarf aller gewünschten Sorten gemeinsam auf einem Feld an und wählt für das Folgejahr ein anderes.

Das Saatbett vorbereiten

Jede Saat braucht ein Medium, in dem sie wachsen kann, das ihr lebenswichtige Nährstoffe und Wasser liefert ebenso wie die richtige Temperatur und Zeit zum Keimen.

Feldbearbeitung durch Pflügen und Eggen macht weder ökologisch, ökonomisch noch moralisch Sinn, wenn es sich nur um ein kleines Feld für den Hausgebrauch handelt. All die erforderlichen Geräte müssen gekauft, gewartet, bedient und gelagert werden. Während sie Ihnen auf den Feldern helfen, verdichten sie den Boden, verpesten die Luft, töten Flora und Fauna im Boden (direkt durch das Fahren auf der Oberfläche, indirekt durch innere Zerstörung durch das Pflügen) und machen Lärm.

Das Aufreißen und Wenden des Erdreichs ist das Schlimmste, was Sie Ihrem Boden antun können. Mikroorganismen wie Bakterien oder Pilze leben in unterschiedlicher Bodentiefe. In das Erdreich zu graben und das Unterste nach oben zu kehren und umgekehrt, beseitigt natürlich die Oberflächenvegetation, was für ein Saatbett auch erforderlich ist. Gleichzeitig stellt das Vermischen der Bodenschichten aber ein ökologisches Desaster dar. Die vorherige Oberflächenvegetation wird anaerobisch zersetzt, die Mikroorganismen der Ober- und Unterschicht sterben, da ihre Lebensbedingungen nicht mehr gegeben sind, das gesamte Ökosystem «Boden» gerät durcheinander und verkümmert. Zurück bleibt Erdreich, in dem Getreidesaat keimen kann, das jedoch ein qualitativ sehr minderwertiges Wachstumsmedium darstellt.

Ein gut vorbereitetes Saatbett weist intakte Bodenschichten auf und ist trotzdem so locker, dass Wurzeln hindurchwachsen können und Luft, Wasser und Nährstoffe vorfinden. Es gibt zwei Methoden, um das zu gewährleisten: biointensiver Gartenbau und der Einsatz von Tieren.

Biointensiver Gartenbau erfordert umgegrabene Beete und die Verwendung von Kompost mit hoher Nährstoffdichte. Beim Umbrechen des Bodens bleiben die Bodenprofile der unterschiedlichen Schichten so bestehen, wie sie sind, denn die Schichten werden einzeln bearbeitet. Bei dieser Methode werden die Gartenbeete doppelt so tief belüftet wie bei einfachem Umgraben. Dadurch und durch die Zugabe von Kompost werden deutlich höhere Saatmengen und erheblich höhere Erträge pro Quadratmeter Land möglich. Die von Biobauer Jon Jeavons in seinem Buch «How to Grow More Vegetables» belegten Erträge ermöglichen es, jedes Jahr das benötigte Getreide zu ernten, ohne jemals ein Feld aus der Rotation nehmen zu müssen. Sie müssen nur in ein oder zwei Beete im Garten Getreide einsäen.

Wenn Sie mehr Getreide anbauen möchten, als Sie selbst verbrauchen, weil Sie z.B. Brot backen und verkaufen möchten, dann ist das Umbrechen für die erforderliche Anzahl von Beeten vielleicht mehr Arbeit, als Sie zu leisten gewillt sind. In diesem Fall sollten Sie Ihr Vieh zur Vorbereitung zusätzlicher Saatbetten oder eines weiteren Feldes nutzen. Hühner und Schweine, die für längere Zeit auf dem gleichen Boden gehalten werden, entfernen die Oberflächenvegetation des Bodens, düngen den Boden mit ihren Ausscheidungen, reißen die Oberfläche ausreichend auf, um für Belüftung zu sorgen (obwohl sie, wenn sie zu lange auf dem gleichen Boden bleiben, diesen eher verdichten), ohne dabei die tiefer gelegenen Bodenschichten zu zerstören. Sie bewahren so die natürliche Belüftung des Erdreichs – vorausgesetzt, die Pflanzenwurzeln, Würmer usw. sind intakt.

Wenn Sie mit Hühnern arbeiten, um den Boden aufzubereiten, eignen sich mobile Hühnerställe, sogenannte Hühnertraktoren. Sie stellen eine kostengünstige, effektive und einfache Möglichkeit dar, die Hühner genau so lange an einem Ort zu halten, wie sie brauchen, um den Boden zu bearbeiten, ihn aufzukratzen und zu düngen. Wenn die Fläche ausreichend bearbeitet ist, können Sie den mobilen Hühnerstall versetzen und die Saat breitwürfig auf der Fläche ausbringen. Falls die Deckschicht etwas zu fest sein sollte, können Sie sie mit einer Gartenharke bis zu einer Tiefe von 2,5 cm auflockern, indem Sie die Harke in den Boden schieben und ein wenig hin- und herziehen. Bedecken Sie dann die Saat leicht mit Kompost und mulchen Sie mit ein wenig Stroh, um Wasser zu binden. Dann drücken Sie alles mit einem Gartenroller oder Heurechen etwas nach unten, um den Kontakt zwischen Saat und Boden zu intensivieren.

Schweine werden nicht nur die Vegetation an der Bodenoberfläche abfressen und düngen, sie werden auch den Boden aufwühlen und die Oberfläche lockern. Es kann eine Herausforderung darstellen, sie an Ort und Stelle zu halten, aber Elektrozäune können dabei eine große Hilfe sein. Stellen Sie sicher, dass die Schweine einen geeigneten Unterschlupf haben, wenn das Wetter es erfordert. Bauen Sie ein mobiles Gehege, wenn die Tiere oft oder weit umsiedeln müssen. Wenn Sie die Tiere zum Buddeln motivieren möchten, streuen Sie Maiskörner aus.

Getreide säen

Mechanische Sämaschinen (Drillmaschinen) ziehen zeitgleich mehrere Furchen, werfen die Saat in vorgegebener Menge hinein und bedecken diese dann wieder. Es gibt auch kleine, handbetriebene Sämaschinen, die meist von Gemüse-

Kleine Sämaschine mit Handkurbel

gärtnern verwendet werden. Sie dienen meist zur direkten Saat größerer Mengen von Feldfrüchten wie Zuckermais oder Zuckererbsen, lassen sich aber auch für Getreide aufrüsten. Für Flächen ab etwa 0,2 ha sind derartige handbetriebene Geräte eine vernünftige Option, denn damit lässt sich gleichmäßiges Säen und Bedecken der Saat gewährleisten, wobei der Bodenkontakt maximiert und die Saat vor Vögeln geschützt wird.

Wenn Sie jedoch nicht gezwungen sind, jedes Jahr Getreidemengen zu ernten, die über die Dimension von Gartenanbau hinausgehen, dann reicht es, breitwürfig auszusäen. Kalkulieren Sie den Bedarf für die jeweilige Fläche im Voraus und messen Sie sie ab, dann können Sie beim Säen den Verbrauch überschauen und gegebenenfalls die Saatdichte anpassen.

Breitwürfiges Säen bedeutet, die Saat so auf den Boden zu streuen, dass sie gleichmäßig mit der erforderlichen Dichte verteilt wird. Das kann von Hand erledigt werden, indem man einfach die Saat faustweise greift und sie durch Schieben mit den Fingern während einer waagerechten, bogenförmigen Bewegung des Armes vor dem Körper über eine bestimmte Fläche verteilt. Einfacher und effektiver funktioniert das mit einem Handkurbelstreuer. Dabei füllt man die Saat in einen Trichter, dreht an einer Handkurbel und läuft währenddessen über das Feld, wobei man einen Heurechen vor sich herschiebt oder einen Gartenroller, um die Saat leicht in den Boden zu drücken. Anschließend bedeckt man die Oberfläche des Bodens mit etwas Stroh, um die Wasserspeicherung zu unterstützen.

Die Ernte

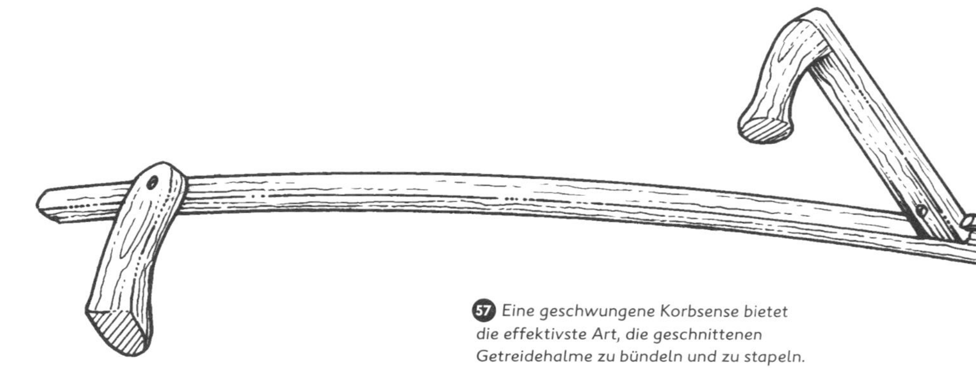

57 *Eine geschwungene Korbsense bietet die effektivste Art, die geschnittenen Getreidehalme zu bündeln und zu stapeln.*

Der richtige Erntezeitpunkt ist ausschlaggebend für die Reife des Getreides und für Verluste durch von den Ähren abfallendes Getreide während der Ernte. Um zu gewährleisten, dass die Körner ausreichend entwickelt sind, sollte mit der Ernte bis zur Gelbreife gewartet werden. Die Gelbreife ist charakterisiert durch volle, bauchige Körner, die eher brechen als zerquetscht werden, wenn man sie mit dem Fingernagel drückt. Dennoch sind sie noch etwas weich. Der Getreideinhalt ist nicht mehr milchig, sondern eher fest, etwas trocken und ein bisschen durchsichtig. Die Blätter sterben allmählich ab und die meisten Halme sind gelb geworden.

Je länger man nach der Gelbreife mit der Ernte wartet, umso größer ist die Gefahr, dass sich die Körner während der Ernte aus den Ähren lösen. Hafer, Roggen, Dinkel und manche Sommerweizensorten mit lockeren Ähren neigen stärker zum Abfallen als andere Weizensorten (besonders solche mit eher prallen Ähren wie Khorasan-Weizen) und Gerste, die daher eher zum Zeitpunkt der Vollreife geerntet werden sollten, um den optimalen Nährstoffgehalt aufzuweisen. Ernten Sie also Hafer und Roggen nicht zu spät und Weizen und Gerste nicht zu früh. Mit der Ernte bis zur Vollreife zu warten, hat als wesentlichen Nachteil, dass Wildkräuter schlagartig in die Höhe schießen, weil mit dem Absterben der Getreidepflanzen kaum noch Konkurrenz beim Kampf um Nährstoffe, Licht und Wasser vorhanden ist. Hat man dann sehr viel Grünzeug in den Getreidebündeln, bedeutet das zumindest zusätzliche Arbeit, wenn nicht gar Schimmelwachstum, das die Lagerfähigkeit des Getreides verkürzen kann.

GETREIDE ERNTEN MIT ODER OHNE RECHEN Jahrhundertelang wurde Getreide mit der Sichel geerntet. Man fasst mit der linken Hand ein Bündel Halme und schneidet es mit der rechten ab. Man kann dann die Bündel einfach bis zum Binden auf das Feld legen.

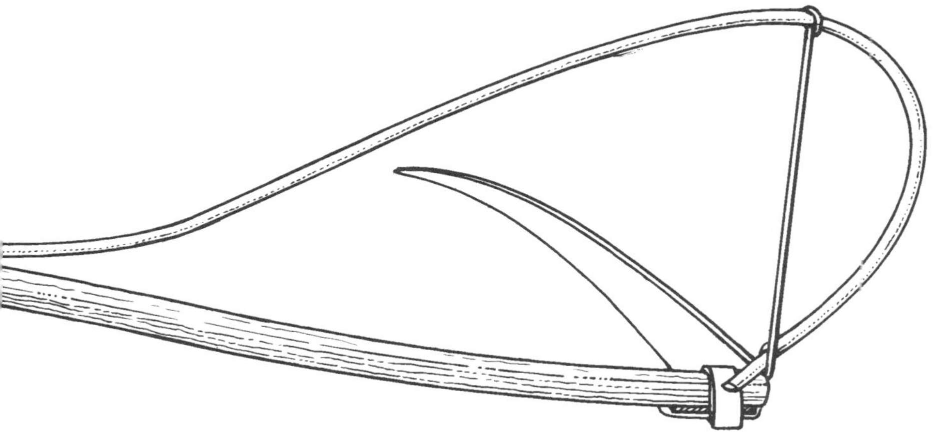

Der Nachteil bei der Verwendung einer Sichel ist die permanent gebeugte oder hockende Arbeitshaltung. Es gibt bessere und schlechtere Ausführungsvarianten dafür, aber für die meisten von uns ist eine derartige Haltung doch sehr schnell anstrengend und schmerzhaft.

Die Sense diente ursprünglich ausschließlich der Heuernte, aber irgendwann begann man, sie auch für das Ernten von Getreide zu verwenden. Dadurch wurde das Mähen in aufrechter Position möglich. Will man Getreide mit der Sense ernten, gibt es zwei wichtige Dinge zu bedenken. Erstes Kriterium ist die Wartung des Sensenblatts. Für das Mähen von weichem Gras sollte es zu maximaler Schärfe gedengelt werden (also möglichst dünn sein). Für die holzigen Getreidehalme, die alles andere als weich sind, muss das Sensenblatt zwar auch scharf sein, aber es muss so gedengelt werden, dass die Schneide ausreichend robust ist, um die kräftigen Halme durchschneiden zu können, ohne dabei verformt oder beschädigt zu werden.

Wenn Sie ein Sensenblatt für die Getreideernte dengeln wollen (es ist einfacher, sich ein Extra-Sensenblatt speziell für diesen Zweck anzuschaffen), sollte die Abschrägung der Schneidenkante schmaler sein (also weniger ausgetrieben) als beim Dengeln für Gras. In der Praxis bedeutet das, nur zwei- statt dreimal zu dengeln – beim ersten Mal Material austreiben, beim zweiten Mal härten. Bei der Nagelprobe darf ein Sensenblatt für die Getreideernte nicht nachgeben.

Da die Schneide nun schmaler und robuster ist, sollte nicht mit einem feinen Naturwetzstein gewetzt werden, da mit diesem das Material der Schneide nur im mikroskopischen Bereich bearbeitet wird und kaum Materialabtrag erfolgt. Hier ist in Abhängigkeit von der Qualität der Schneide ein grober Naturwetzstein oder ein feiner Kunstwetzstein erforderlich, der Material von der Schneide abträgt, um das Sensenblatt zu schärfen.

58 *Der erste Mähschwung schneidet die Halme. Diese fallen an der rechten Seite des Mähers zu Boden und liegen dann entlang des Mähschwungs im Halbkreis.*

Der zweite Aspekt bei der Getreideernte mit der Sense betrifft die Positionierung des geschnittenen Getreides auf dem Feld, denn es muss so liegen, dass das Binden einfach und schnell erfolgen kann. Die beste Lösung ist hier die Montage einer sogenannten Korbsense 57 . Es gibt viele Formen, aber am effektivsten ist ein solcher Rechen, wenn er verhindert, dass das geschnittene Getreide in die Richtung fällt, wo der Mähschwung begann (für gewöhnlich also nach rechts), wenn er zudem das Getreide hält und es am Ende des Mähschwungs links in geordneten Bündeln fallen lässt. Eine weniger bekannte

(59) Der zweite Mähschwung über dieselbe Fläche (ohne dass sich der Mäher weiterbewegt) rafft die Halme zu Bündeln zusammen, wendet sie und legt die ordentlichen Bündel links des Mähers ab.

Technik ist der Einsatz einer zweiten Person, die leicht vor dem Mäher steht und das Getreide mit einem Stock am Fallen nach rechts hindert. Bei beiden Techniken mäht man «in die Wand», d.h. in das stehende Getreide. Eine dritte Technik besteht darin, «aus der Wand heraus» zu mähen und zwar mit jeweils zwei Mähschwüngen. Der erste Schwung schneidet das Getreide, welches dann tatsächlich nach rechts fällt (58), wobei sich die Halme entlang des Mähhalbkreises ablegen. Der zweite Schwung rafft dann das geschnittene Getreide zu Bündeln zusammen, schiebt sie nach links und legt sie dort ab (59).

Nachreife des geschnittenen Getreides

Die Ernte sollte möglichst während einer Trockenphase erfolgen, um langsame und gründliche Durchtrocknung von Getreide und Stroh zu ermöglichen, wodurch die Reife (die erst nach dem Schnitt abgeschlossen wird) besser gelingt. Regen während oder kurz vor der Ernte kann zum Auslaugen der Nährstoffe aus dem Getreide führen und beeinflusst dessen Farbe, Duft, Qualität und Eignung zum Brauen und Backen.

Schützen Sie Ihr Getreide vor Niederschlag und Bodenfeuchtigkeit, indem Sie es zu Garben aufstellen, die in geeigneter Weise abgedeckt werden müssen, oder, was noch effektiver und einfacher ist, hängen Sie das Getreide zum Trocknen auf Heureiter. Die Ähren sollten auf dem Heureiter nach innen ausgerichtet sein, dann kann das Getreide notfalls wochenlang im Regen draußen verbleiben. Nimmt man das Getreide vom Boden auf, ist das eine Garantie für langsame, gleichmäßige Nachreife. Zu schnelle, ungleichmäßige Nachreife kann zum Schrumpfen und Verrotten der Körner führen.

Stellen Sie sicher, dass das Getreide vollständig getrocknet ist, bevor Sie es einbringen. Sie verhindern so Aufheizen während der Lagerung, was ebenfalls negativen Einfluss auf die Qualität haben kann. Zu frühes Einbringen stellt eher in heißen, trockenen Sommern eine Gefahr dar als in kühlen, nassen, denn zu schnell trocknendes Getreide wirkt zwar bald ausreichend trocken, ist aber innen meist noch feucht.

Direktes Ernten durch Beweidung

Die Ernte kann auch direkt durch Vieh erfolgen. Die effektivste Methode für den Kreislauf aus Ernte, Bodenkultivierung und Verarbeitung von Ernten ist, die Fläche zunächst für die Saat den Hühnern zu überlassen und dann den Schweinen, die Stroh und anderes getrocknetes Material in den Boden wühlen.

Eine weitere Möglichkeit, den Arbeitsaufwand beim Ernten einzugrenzen, besteht im teilweisen Abernten der Fläche, um dann den Rest den Hühnern und Schweinen zu überlassen. Oder Sie verwenden Teile der Ernte gleichzeitig als Einstreu und Futter, indem Sie zwar das Getreide ernten, binden und einbringen, dann aber ungedroschene Bündel als Einstreu verwenden und den Hühnern erlauben, die Körner zu picken.

Die Direkternte durch Vieh hat den Nachteil, dass das Getreide für die Tiere nicht aufbereitet wird. Doch wenn die Körner lange draußen waren oder die Ähren mit Wasser durchtränkt wurden, bevor die Hühner sie bekommen, dann treibt die Saat vermutlich bis zu einem bestimmten Grad von selbst aus, wodurch das Futter nahrhaft und leicht verdaulich ist.

Das Getreide ist reif für die Ernte, wenn es die Phase der Gelbreife erreicht hat.

Dreschen und Worfeln

Beim Dreschen werden die Getreidekörner von den Ähren getrennt. Ursprünglich wurde dazu mit einem Dreschflegel auf das Getreide eingeschlagen. Später wurde dieser Prozess maschinenunterstützt (am Dreschblock, zunächst von Pferden gezogen, später mit Dieselmotor). Erste Dreschmaschinen waren entweder rotierende Trommeln, aus denen Stifte (Stiftendrescher) herausragten, um die Körner aus den Ähren zu schlagen, oder sie bestanden aus zwei Gurten, zwischen denen die Ähren hindurchgeschoben wurden, um die Körner zu lösen. Eine andere Dreschvariante ohne technischen Aufwand ist ein geschweißtes Metallgitter auf einem Unterbau aus Holz. Man stellt sich darauf und tritt die Körner durch die Gittermaschen.

Nach dem Dreschen wird geworfelt, d.h., die Spreu von den Körnern getrennt. Spreu ist leichter als die stärkehaltigen Körner und wird vom Wind weggeblasen. Man kann das Getreide eimerweise mit einem Ventilator durchblasen oder es durch luftdurchströmte Saatreinigungsmaschinen bearbeiten lassen. Diese Maschinen arbeiten effektiv und einfach, können aber sehr teuer sein.

Ein ausgeklügelter pedalbetriebener Trommeldrescher (60) ist die ultimative Dreschmaschine. Das ist nicht unbedingt ein besonders günstiger Ausrüstungsgegenstand, aber eine elegante und effektive Lösung, wenn man die Getreideernte von etwa 0,4 ha Land dreschen möchte. Ich habe vor einigen Jahren einen Freund gebeten, mir einen solchen pedalbetriebenen Trommeldrescher aus einer hölzernen Kabeltrommel, einem alten Fahrrad und einer Palette zu bauen. Das entstandene Gerät war nicht so effektiv, wie ich es mir vorgestellt hatte, was aber an meinem Entwurf lag (und nicht an den Fähigkeiten meines Freundes!).

Eine Konstruktion mit Lagern oder Ähnlichem zur Reduktion der Reibung und einem Auffangsystem für die gedroschenen Körner wäre effektiver gewesen.

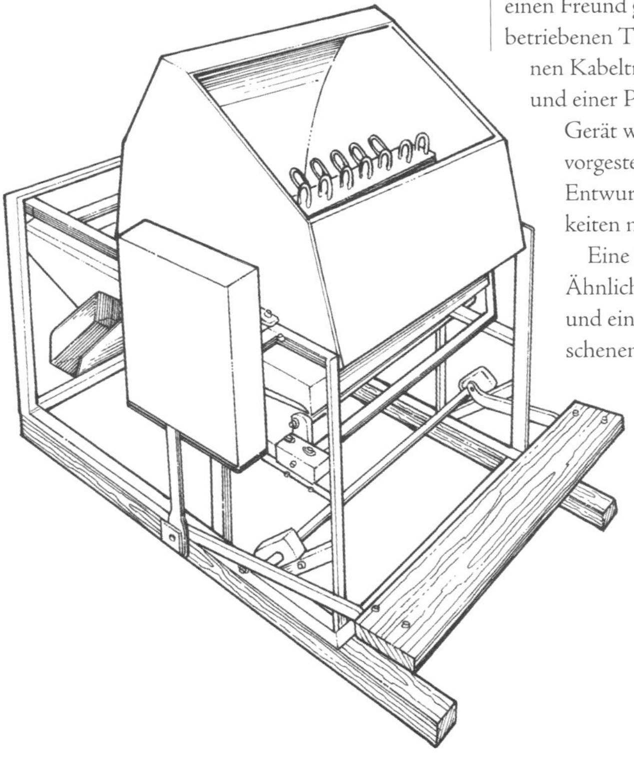

(60) Pedalbetriebener Trommeldrescher. Kann aus einer alten Kabeltrommel aus Holz und einem Fahrrad gebastelt werden (siehe Seite 129).

Lagerung

Getreide sind natürlich Samen und damit sie über längere Zeit lebensfähig und essbar bleiben, müssen sie sorgfältig behandelt werden. Vor der Lagerung muss sichergestellt werden, dass der Feuchtigkeitsgehalt ausreichend gering ist, um Fermentation und Schimmelbildung zu verhindern.

Samen benötigen zwei Dinge zum Keimen: Wasser und einen bestimmten Temperaturbereich. Wenn man den Körnern beides entzieht, gibt es keine Keimung, also sollte die Lagerung kühl und trocken erfolgen.

Diemen sind Schober aus ungedroschenem Getreide, die durch einen tischartigen Unterbau vom Boden ferngehalten werden. So ist das Getreide sowohl vor Bodenfeuchtigkeit als auch vor Schädlingen geschützt.

Diemen zu bauen und diese trocken und sauber zu halten, ist eine Menge Arbeit, aber dafür bieten sie die Möglichkeit, Dreschen und Worfeln nach Bedarf vornehmen zu können, was bei etwas größeren Getreidemengen eine erhebliche Erleichterung darstellt.

Verarbeitung

Ganze Getreidekörner können ausgesprochen nahrhaft für Menschen sein, aber häufig werden die Anforderungen an eine geeignete Aufbereitung außer Acht gelassen. Getreide im Allgemeinen und Weizen im Besonderen haben einen extrem hohen glykämischen Index (d.h., der Konsum lässt den Blutzuckerspiegel stark ansteigen), wenn das Getreide so gegessen wird, wie es heutzutage üblich ist: gemahlen, mit Hefe gesäuert und gebacken. Darüber hinaus enthalten ganze Getreidekörner (tatsächlich aller Sorten!) Phosphor in Form von in der Kleie gespeicherter Phytinsäure. Phytinsäure ist nicht giftig oder schädlich, aber sie ist für Menschen nicht verdaulich und bindet Kalzium, Magnesium und andere Mineralstoffe. Dadurch werden diese Nährstoffe bei Mahlzeiten mit phytinsäurehaltigen Speisen nicht vom Körper aufgenommen. Glücklicherweise gibt es Möglichkeiten, den glykämischen Index von Getreide zu reduzieren und die Phytinsäure zu neutralisieren: Fermentation und Keimung.

Fermentation ist eine sprudelnde Reaktion, die von Mikroorganismen wie Bakterien und Pilzen (inklusive Hefe) hervorgerufen wird. Am einfachsten lässt sich diese Reaktion für ganze Getreidekörner erzielen, indem man sie in Wasser taucht, eine Säure hinzufügt (z.B. Molke, Essig oder Zitronensaft) und das Ganze über Nacht bei Zimmertemperatur stehen lässt. Die anaeroben Bedingungen, die Säure, die «Nahrung» in Form der Körner und die moderaten Temperaturen sind beste Wachstumsbedingungen für Milchsäurebakterien und wilde Hefen, die sowohl in der Luft als auch in nicht erhitzter (pasteurisierter) Molke und Essig vorkommen. Die Fermentation sollte 8–24 Stunden dauern, um den Phytinsäuregehalt der Kleie signifikant zu reduzieren.

Sauerteig ist eine weitere Möglichkeit der Fermentation, die man verwendet, wenn das Getreide schon zu Mehl gemahlen wurde.
In der Grundausführung ist Sauerteig nichts anderes als mit Wasser verrührtes Mehl, das so lange bei warmen Temperaturen stehen gelassen wird, bis sich ausreichend Milchsäurebakterien und wilde Hefen angesiedelt haben, die das Mehl vergären und säuern. Fügt man ein wenig Salz hinzu und bäckt den Teig, erhält man Brot in seiner ursprünglichsten Form: Eine durch Mikroorganismen vorverdaute Masse aus Mehl, Salz und Wasser, deren Antinährstoffgehalt

Selbst gebauter, pedalbetriebener Trommeldrescher aus einer hölzernen Kabeltrommel, einem Fahrradrahmen, einer Palette und ein bisschen Schrott

und glykämischer Index auf ein gesundheitlich unbedenkliches Maß reduziert wurde.

Lässt man Getreide und andere Samen vor dem Verzehr keimen (Sprossenbildung), wird der Phytinsäuregehalt und der glykämische Index reduziert. Keimung veranlasst die Freisetzung von Enzymen, die Phytinsäure in eine verdauliche Phosphorform umwandeln und die Stärken im Nährgewebe aufspalten. Um Getreide keimen zu lassen, weicht man es für 12–24 Stunden in einem großen Behälter ein und bedeckt diesen mit einem Stück Musselin, das durch ein Gummiband gehalten wird. Dann dreht man den Behälter um, um das Wasser ablaufen zu lassen. Den umgedrehten Behälter in einen zweiten, größeren Behälter stellen, um weiteres Ablaufen des Wassers zu ermöglichen. Den Behälter etwa alle zwölf Stunden wieder mit Wasser füllen, dann wieder umdrehen und langsam ablaufen lassen.

Getreide muss sich zum Keimen mit Wasser vollsaugen, verrottet aber in stehendem Wasser, daher die Dränage-Prozedur. Nach zwei bis drei Tagen hat sich die Keimwurzel ausgebildet. Jetzt sollten die Sprossen genutzt werden, denn sie sind jetzt am süßesten. Sie können nass mit einer Küchenmaschine gemahlen und mit einem Sauerteigansatz gemischt und zu Brot verbacken werden oder Sie trocknen sie in einem warmen Ofen für späteres Mahlen mit einer Getreidemühle.

Traditioneller Bulgur ist Weizen, der gekeimt hat, getrocknet und grob gemahlen bzw. «aufgebrochen» wurde. Wenn Sie mit Ihrem Getreide gleichermaßen verfahren und Ihr Mehl dann mit Bulgur-Mehl mischen, können Sie mit der Mischung gesäuertes Brot ohne Sauerteig backen, ohne sich Gedanken über Antinährstoffe oder einen zu hohen glykämischen Index machen zu müssen.

Herstellung von Sauerteigbrot

Sauerteigbrot aus ganzem Korn ist das einfachste, leckerste und wohl nährstoffreichste Brot der Welt. Ein paar Hinweise, falls Sie sich mit Backen nicht auskennen:

1. Verwenden Sie eine Küchenwaage, da das Abmessen von Körnern und Mehl nach Volumen extrem ungenau ist.
2. Verwenden Sie immer frisch gemahlenes Mehl, denn das Mahlen setzt die Öle in den Keimen dem Luftsauerstoff aus, wodurch sie schnell oxidieren.
3. Arbeiten Sie mit fluoridfreiem Wasser. Nach meiner Erfahrung ist die Filterung mit einem Wasserfilter ausreichend. Man kann auch Leitungswasser über Nacht in einem nicht zugedeckten Topf stehen lassen, wodurch die Fluoride verdunsten.

Rezept für den Sauerteigansatz

Tag 1: 100 g frisch gemahlenes Mehl mit 100 ml fluoridfreiem, lauwarmem Wasser mischen. 100 ml Wasser wiegen 100 g, wenn Sie also keinen Messbecher haben, können Sie das Wasser auch einfach in einer großen Schüssel abwiegen. Dann ein Küchentuch über die Schüssel legen, um Fliegen fernzuhalten, und an einem warmen Ort (30° C) stehen lassen.

Tag 2: 100–150 g frisch gemahlenes Mehl und weitere 100 ml fluoridfreies, lauwarmes Wasser hinzufügen. Verrühren, wieder zudecken und weitere 24 Stunden im Warmen stehen lassen.

Tag 3: Der Ansatz sollte jetzt schon etwas säuerlich schmecken, was ein Zeichen für die Bildung von Milchsäure durch das Gedeihen von Milchsäurebakterien ist. Nochmals 200 g frisch gemahlenes Mehl und weitere 200 ml fluoridfreies, lauwarmes Wasser hinzufügen. Verrühren, wieder zudecken und weitere 24 Stunden im Warmen (25° C) stehen lassen.

Tag 4: Der Ansatz sollte jetzt sauer und blasig sein, mit der Konsistenz eines dicken Pfannkuchenteigs. Dann ist er fertig für den Gebrauch, auch wenn er noch nicht seine volle Kraft entfaltet hat. Je häufiger er zum Einsatz kommt, umso besser eignet er sich als Gärmittel. Entnehmen Sie einen gehäuften Esslöffel, vermischen Sie den Teig mit etwas Mehl zum Verfestigen und bewahren Sie ihn in einem luftdicht verschlossenen Behälter für bis zu zwei Wochen im Kühlschrank auf. So bleibt er frisch und schimmelfrei. Wenn Sie seltener als alle 14 Tage backen wollen, müssen Sie Ihren Ansatz etwa jede Woche auffrischen. Dazu werfen Sie die Hälfte Ihres konservierten Ansatzes weg, geben 50–100 g frisch gemahlenes Mehl und 50–100 ml fluoridfreies Wasser zu dem Rest, verrühren die Mischung und lassen sie über Nacht in einem warmen Umfeld stehen. Dann kommt der aufgefrischte Ansatz wieder in den luftdichten Behälter und zurück in den Kühlschrank. Je mehr Sie beim Auffrischen auf Sauberkeit Ihrer Hände und Werkzeuge achten, umso weniger anfällig ist der Ansatz für Schimmel.

Wenn Sie jedoch unterschiedliche Brote kreieren möchten, können Sie für den Sauerteigansatz auch unterschiedliche Mehle verwenden.

Rezept für Vollkorn-Sauerteigbrot

Vollkorn-Sauerteigbrot ist eine Mischung aus überwiegend Roggen mit 25 % Weizen einer beliebigen Sorte (Weichweizen, Dinkel, Khorasan-Weizen…). Gewürzt wird nur mit Salz, Sie können aber verschiedene verdauungsfördernde Kräuter hinzufügen, um den Geschmack zu variieren und die Bekömmlichkeit noch zu fördern.

Vorteig
125 g Sauerteigansatz
500 ml fluoridfreies, lauwarmes Wasser
400 g frisch gemahlenes Roggenmehl

Teig
800 g frisch gemahlenes Roggenmehl
400 g frisch gemahlenes Dinkel-, Khorasan-Weizen-, Emmer- oder Weizenmehl
3 gehäufte Teelöffel Meersalz
750 ml fluoridfreies, lauwarmes Wasser

Zubereitung
Bereiten Sie den Vorteig am Vorabend vor. Mischen Sie den Ansatz und das Wasser, geben Sie das Mehl hinzu und verrühren Sie alles am besten in einer Keramikschüssel. Mit einem Tuch bedecken und über Nacht an einem warmen Ort stehen lassen. Der Vorteig ist fertig, wenn er Blasen schlägt.

Einen gehäuften Esslöffel Vorteig mit etwas Mehl mischen und im luftdichten Behälter im Kühlschrank lagern. Die Kälte verhindert die biologischen Aktivitäten der Milchsäurebakterien und wilden Hefen, sodass sich der Vorteig ein bis zwei Wochen lagern lässt.

Roggen-, Weizenmehl und Salz in einer großen Schüssel verrühren. Den verbliebenen Vorteig mit etwas von dem Wasser mischen, dann zusammen mit dem restlichen Wasser zu der Mehl-Salz-Mischung hinzufügen. Jetzt den Teig in der Schüssel kneten, bis die Zutaten gleichmäßig vermischt sind und sich der Teig leicht von der Schüssel lösen lässt. Er wird ziemlich fest sein. Nicht länger kneten, als nötig ist, um die Zutaten sorgfältig zu mischen: Roggenmehl geht nicht gut auf, wenn es zu stark geknetet wurde.

Das Handtuch wieder über die Schüssel legen und den Teig an einem warmen Ort bis zu drei Stunden gehen lassen. Er ist fertig zum Backen, wenn er deutlich aufgegangen ist und zahlreiche Risse aufweist.

Dieses Brot sollte idealerweise in einem holzbefeuerten Steinofen gebacken werden. Verwendet man einen konventionellen Backofen, sollte mit einem Brotbackstein (mit Backpapier) gearbeitet werden und der Brotlaib in eine Auflaufform oder einen Schmortopf aus Keramik gelegt werden, um die Effekte eines Holzofens zu imitieren. 20 Minuten im vorgeheizten Ofen bei 250 °C (Gas 9) backen, dann 60 Minuten bei 190 °C (Gas 5) und schließlich 10 Minuten bei ausgeschaltetem Ofen, um den Temperaturabfall in einem Steinofen zu simulieren.

Dann das Brot einen Tag lang abkühlen lassen, da diese Art von Brot ihren vollen Geschmack frühestens einen Tag nach dem Backen entfaltet.

Für intensiveren Geschmack kann man 2 Esslöffel Kümmel, 1 Esslöffel Koriander, 1 Teelöffel Anis, 1 Teelöffel Fenchel und ½ Teelöffel gemahlenen Kardamom dazugeben.

(übernommen aus einem Rezept in «Biologisch kochen und backen» von *Helma Danner*)

Schlussbemerkung

Unsere Grünflächen bieten gewaltige, weitgehend ungenutzte Ressourcen für unsere Ernährung. Wir können sie nutzen, ohne dass unser Planet Schaden nimmt. Dauerhafte Begrünung, die sorgfältig gepflegt wird, hat enormes Potenzial als Kohlenstoffsenke, da gemähtes Gras bei jedem Schneiden Wurzeln abstößt. Die abgestorbenen Wurzeln werden durch Bodenorganismen zu Bodenkohlenstoff ab- und umgebaut und Teil des Bodens. Werden diese Pflanzen regelmäßig gemäht oder abgegrast, wird die Kohlenstoffbindung maximiert. Sie haben die Chance, an diesem Prozess mitzuwirken, indem Sie mit der Sense mähen. Und das ist nur der Anfang.

Mähen Sie Ihren Rasen mit der Sense, verkaufen Sie den Schnitt an jemanden, der Milchvieh besitzt. Verwenden Sie die Sense bei der Getreideernte und halten Sie Hühner, um die Körner (und Küchen- und Gartenabfälle) in Eier und Fleisch umzuwandeln. Tauschen Sie Ihren Rasenmäher oder auch den kleinen Traktor gegen eine Sense ein und verarbeiten Sie den

Schnitt zu Mulch, sodass Sie ohne ergänzende Düngung noch mehr Futter erzeugen und die Qualität des Bodens weiter verbessern können. Schnappen Sie sich Ihre Sense und kompostieren Sie richtig. Geben Sie Ihrem Leben mehr Sinn, verbringen Sie mehr Zeit draußen. Lernen Sie Ihren Geist, Körper und Ihren Lebensraum intensiver kennen, treffen Sie Gleichgesinnte und arbeiten Sie zusammen, um größere Flächen mähen zu können und dabei Spaß zu haben. Spaß ist beim Sensen immer die Hauptsache!

Noch vor etwa zwölf Jahren kannte ich das Sensen lediglich von ein paar Bildern. Inzwischen habe ich Brot aus selbst angebautem, selbst geerntetem, verarbeitetem und im selbst gebauten Ofen gebackenem Getreide gegessen. Das hat mir ein Gefühl von Lebendigkeit und Zufriedenheit vermittelt, wie ich es zuvor nur mithilfe von Musik fühlen konnte. Ich hoffe, dieses Buch legt für Sie den Grundstein für ähnliche Erfahrungen.

Gemeinsam schafft man mehr und das Mähen macht zudem sehr viel mehr Spaß.

KAPITEL 10 INFORMATIONEN UND QUELLENANGABEN

Sie sehen also, «Sensen» bedeutet nicht nur, eine Sense zu kaufen und sie ein wenig hin- und herzuschwingen. Man muss wissen, wie man richtig damit umgeht, was letztendlich auch heißt zu wissen, wie man mit sich selbst richtig umgeht. Die Einsatzmöglichkeiten müssen bekannt sein, man muss die Bedürfnisse seines Gartens kennen und man sollte wissen, was man mit dem Mahdgut anfangen will, weshalb man sich auch mit den Bedürfnissen von Kleinvieh, mit Kompostierung und Fermentation auskennen muss. Dieses Buch steht im Zusammenhang mit anderen, thematisch ähnlichen und aufschlussreichen Büchern, die im Folgenden aufgelistet sind und in denen Sie möglicherweise Aspekte finden, die ich hier nur am Rande ansprechen konnte.

Quellenverzeichnis und Literaturhinweise

ALTERNATIVE LANDWIRTSCHAFT

Gliessman, Stephen, 2015. *Agroecology: The Ecology of Sustainable Food Systems.* 3rd ed. Boca Raton, FL: CRC Press/Taylor & Francis Group.

Manning, Richard, 2004. *Against the Grain: How Agriculture Has Hijacked Civilization.* New York: North Point Press.

Pollan, Michael, 2008. «Farmer in Chief». *New York Times Magazine.*
Erhältlich unter: michaelpollan.com/articles-archive/farmer-in-chief/

BEDÜRFNISORIENTIERTER LEBENSANSATZ

Charter, S. P. R., 1962. *Man on Earth: A Preliminary Evaluation of the Ecology of Man.* Sausalito, CA: Angel Island Publications.

Hart, Sura und Victoria Kindle Hodson, 2006. *Respectful Parents, Respectful Kids.* Encinitas, CA: PuddleDancer Press (auf Deutsch: *Respektvoll miteinander leben.* Paderborn: Junfermann, 2007).

Rosenberg, Marshall, 2015. *Nonviolent Communication: A Language of Life.* Encinitas, CA: PuddleDancer Press (auf Deutsch: *Gewaltfreie Kommunikation: eine Sprache des Lebens.* Paderborn: Junfermann, 2013).

BROT, GETREIDEVERARBEITUNG, FERMENTATION

Denzer, Kiko, 2007. *Build Your Own Earth Oven.* 3rd ed. Blodgett, OR: Hand Print Press (auf Deutsch: *Lehm-Backöfen selbst gebaut.* Graz: Stocker, 2013).

Fallon, Sally, 1999. *Nourishing Traditions.* Washington, DC: New Trends Publishing, Inc.

Katz, Sandor Ellix, 2003. *Wild Fermentation.* White River Junction, VT: Chelsea Green Publishing (auf Deutsch: *So einfach ist Fermentieren.* Rottenburg: Kopp, 2014).

Robertson, Laurel, 2003. *The Laurel's Kitchen Bread Book.* New York: Random House.

Wing, Daniel, 1999. *The Bread Builders.* White River Junction, VT: Chelsea Green Publishing.

DER GEBRAUCH DES SELBST

Dreyer, Danny, 2004. *ChiRunning: A Revolutionary Approach to Injury-Free Running.* New York: Simon & Schuster.

Gokhale, Esther, 2008. *Eight Steps to a Pain-Free Back: Natural Posture Solutions for Pain in the Back, Neck, Shoulder, Hip, Knee and Foot.* Stanford, CA: Pendo Press (auf Deutsch: *Nie wieder Rückenschmerzen.* München: Riva, 2013).

Podulke-Smith, Laurel. «Constructive Rest» und weitere Artikel erhältlich unter: www.expandingself.com/constructive_rest

Vineyard, Missy, 2007. *How You Stand, How You Move, How You Live: Learning the Alexander Technique to Explore Your Mind-Body Connection and Achieve Self-Mastery.* New York: Marlowe & Co.

GETREIDE

Heistinger, Andrea, 2015. *Handbuch Samengärtnerei.* Innsbruck: Löwenzahn Verlag.

Lazor, Jack, 2013. *The Organic Grain Grower.* White River Junction, VT: Chelsea Green Publishing.

Madigan, Carleen, ed. 2009. *The Backyard Homestead.* North Adams, MA: Storey Pub.

Pitzer, Sara, 1981. *Whole Grains.* Charlotte, VT: Garden Way Publishing.

GRAS & HEU

Savory, Allan und Jody Butterfield, 1999. *Holistic Management.* Washington, DC: Island Press.

Schwenke, Karl, 1991. *Successful Small-Scale Farming: An Organic Approach.* Pownal, VT: Storey Communications.

Voisin, André, 1959. *Grass Productivity.* Washington, DC: Island Press.

MEDITATION, NEUROPLASTIZITÄT UND KÖRPER-GEIST-VERBINDUNG

Benson, Herbert, 1992. *The Relaxation Response.* New York: Wings Books (auf Deutsch: *Gesund im Stress.* Berlin: Ullstein, 1978).
Davidson, Richard, 2012. *The Emotional Life of Your Brain.* New York: Hudson Street Press (auf Deutsch: *Warum regst du dich so auf? Wie die Gehirnstruktur unsere Emotionen bestimmt.* München: Goldmann, 2016).
Mate, Gabor, 2011. *When the Body Says No.* Hoboken, NJ: J. Wiley.

ÖKOLOGISCHE BODENBEARBEITUNG

Jacke, Dave, mit Eric Toensmeier, 2005. *Edible Forest Gardens.*Vols. I & II. White River Junction, VT: Chelsea Green Publishing.
Jeavons, John, 2012. *How to Grow More Vegetables (and Fruits, Nuts, Berries, Grains, and Other Crops) Than You Ever Thought Possible on Less Land Than You Can Imagine.* 8th ed. Berkeley: Ten Speed Press.
Lanza, Patricia, 1998. *Lasagna Gardening: A New Layering System for Bountiful Gardens.* Emmaus, PA: Rodale Press.
Lee, Andy und Patricia Foreman, 2011. *Chicken Tractor: The Permaculture Guide to Happy Hens and Healthy Soil.* Good Earth Publications, Inc.
Magdoff, Fred und Harold van Es, 2000. *Building Soils for Better Crops.* Burlington, VT: Sustainable Agriculture Publications.
Nelson, Gary L., 1975. «Use Pigs Natural Abilities When Digging a Garden.» *Mother Earth News.* Erhältlich unter: www.motherearthnews.com/homesteading-and-livestock/digging-a-garden-zmaz75sozgoe

REET

Billet, Michael, 1979. *Thatching and Thatched Buildings.* London: Robert Hale Limited.
Fearn, Jacqueline, 2004. *Thatch and Thatching.* Buckinghamshire, UK: Shire Publications, Ltd.

SENSEN & MÄHEN

Tresemer, David, 2001. *The Scythe Book.* 2nd ed. Chambersberg, PA: A.C. Hood (auf Deutsch: *Das Sensenbuch.* Stücken: Degreif, 1999).
Vido, Peter. Viele Artikel erhältlich unter: www.scytheconnection.com

WEITERE BÜCHER ZUM THEMA

Aufhammer, Walter, 1998. *Getreide- und andere Körnerfruchtarten.* Stuttgart: Eugen Ulmer Verlag.
Bachmann/Bührer/Forster, 2017. *Permakultur. Grundlagen und Praxisbeispiele für nachhaltiges Gärtnern.* Bern: Haupt Verlag.
Baur, Georg, 1937. *Neuzeitlicher Getreidebau.* Stuttgart: Eugen Ulmer Verlag.
Bloom, Jessi, 2017. *Mein Garten für freilaufende Hühner. Wie man einen schönen und hühnerfreundlichen Garten gestaltet.* Bern: Haupt Verlag.
Bross-Burkhardt, Brunhilde, 2017. *Das Boden-Buch. Grundlagen und Tipps für den naturnahen Gartenboden.* Bern: Haupt Verlag.
Danner, Helma, 2004. *Biologisch kochen und backen.* Berlin: Ullstein Taschenbuch.
Dielacher, Veronika, 2016. *Das große Buch vom Heu.* Graz: Leopold Stocker Verlag.
Geith, Richard, 1935. *Die sichere Heuernte.* Berlin: Verlag Paul Parey.
Klapp, Ernst, 1954. *Wiesen und Weiden.* Berlin: Parey Verlag.
Landis, J., 1933. *Die verbesserte Dürrfutterernte.* Bern: Verbandsdruckerei A.G. Bern.

Lehnert, Bernhard, 2010. *Dengeln und Wetzen: Die Kunst, Sense und Sichel zu schärfen*. Norderstedt: Books on Demand GmbH.
Lehnert, Bernhard, 2000. *Naturerlebnis: Mähen mit der Sense*. Walsheim: Edition Europa.
Merzenich, Margret und Erika Thier, 2003. *Brot backen*. Stuttgart: Eugen Ulmer Verlag.
Möller, Rainer, 1988. *Die Sensenschmiede*. Bonn: Rheinland Verlag.
Moser, Heiner, 1988. *Der schweizerische Getreidebau und seine Geräte*. Bern: Haupt Verlag.
Niemann, Henning, 1998. *Begleitpflanzen im ökologischen Getreidebau*. Dürkheim: Stiftung Ökologie & Landbau.
Resch, Andreas, 1995. *Die alpenländische Sensenindustrie um 1900*. Wien: Böhlau Verlag.
Ries, Ludwig-Wilhelm, 1933. *Getreideernte*. Berlin: Verlag Paul Parey.
Stauch, Fritz, 1933. *Der Getreidebau*.
Wiesauer, Karl, 1999. *Handwerk am Bach: Von Mühlen, Sägen, Schmieden …* Innsbruck: Verlagsanstalt Tyrolia.
Zeitlinger, Josef, 1944. *Sensen, Sensenschmiede und ihre Technik*. Linz: *Jahrbuch des Vereins für Landeskunde und Heimatpflege im Gau Oberdonau* (früher *Jahrbuch des Oberösterreichischen Musealvereines*) Bd. 91, S. 13–178.

Hersteller und Lieferanten – eine Auswahl

SENSEN, WETZSTEINE, DENGELAUSRÜSTUNG

DEUTSCHLAND

DICTUM GmbH
Schröckenfux-Sensen
www.dictum.com

Sensenwerkstatt
Falci-Sensen
www.sensenwerkstatt.de

ÖSTERREICH

Silvanus
www.silvanus.at/shop

Schröckenfux
www.schroeckenfux.at

SCHWEIZ

www.landi.ch
www.sahli-ag.ch

SAAT

DEUTSCHLAND

Bio-Saatgut
www.bio-saatgut.de

Grüner Tiger
www.gruenertiger.de

Öko-Korn-Nord w. V.
www.oeko-korn-nord.de

Partner Bio
www.partnerbio.eu

ÖSTERREICH

Saatbau Linz
www.saatbau.com/at

«die umweltberatung» Wien
www.umweltberatung.at/bio-saatgut-und-jungpflanzen

SCHWEIZ

Artha Samen

www.arthasamen.ch

Samengärtnerei Zollinger

www.zollinger-samen.ch

Sativa

www.sativa-rheinau.ch

AUSRÜSTUNG FÜR GETREIDEANBAU

Dreschmaschinen mit Pedalbetrieb

The Back to the Land Store

backtotheland.com/html/wheat_thrasher.html

Worfelmaschine

Handbetriebene Worfelmaschine, Plan

www.saveseeds.org/tools/tool_winnower_hand.html

Getreideschäler

Handbetriebener Getreideschäler, Plan

www.savingourseeds.org/pdf/grain_dehuller.pdf

Getreidemühlen

Agrisan Naturprodukte Gesellschaft m.b.H.

getreidemuehle.com

getreidemuehlen.de

www.getreidemuehlen.de

Leibundgut GmbH Getreidemühlen

fitleibundgut.ch

Schnitzer GmbH & Co. KG

www.schnitzer.eu

ALEXANDER-TECHNIK

Alexander-Technik-Verband Deutschland (ATVD) e.V.

www.alexander-technik.org

Gesellschaft für F.M. Alexander-Technik Österreich

www.alexander-technik.at

Schweizerischer Berufsverband der Alexander-Technik SBAT/APSTA

www.alexandertechnik.ch

WEITERFÜHRENDE LINKS

Sensenverein Deutschland e.V.

www.sensenverein.de

Sensenverein Österreich

www.sensenverein.at

Industriemuseum Freudenthaler Sensenhammer

sensenhammer.de

Sensenwerkstatt Mammern

www.sensen-mammern.ch

Register

Kursiv gedruckte Seitenzahlen beziehen sich auf Abbildungen oder deren Untertitel.

Dank

Für ihre jahrelange vielseitige Hilfe und Unterstützung meiner Bemühungen rund um die Sense möchte ich mich herzlich bedanken bei: meinen Eltern Susan & John Miller, David & Perry-O Sliwa, der Dörfler-Familie, Gerhard Aichwalder, Michael Kerschbaumer, Ulla Weisshuhn, Andrea Pribil, Susanne Rainer, Janina Thausing, dem Personal der BOKU-Bibliothek (Universität für Bodenkultur) in Wien, Matthias Rammerstorfer, Johanna Puhringer, Igor Gross, Daniela Fheodoroff, Lelo Brossmann, Daniel Hinteregger, Dietmar Benedetti, Klaus Eberle, Julia Steiner (DkfA), Nina Schreiber, Sensenverein Österreich, Schröckenfux, Kiko Denzer, Botan Anderson, Chris Wasta, Dave Jacke, David Paquette & Deneb Woods, Ted Wilson, Cindy Ballard, Mary Moody, Rick Mihm, Ashley Neisis, Carolyn Scherf, Michael Phillips, Steve Peterson, Hannah Breckbill, Laurel Podulke-Smith, Tim Galarneau, Jenee Sallee, Louise Hansen, Janna Hoadley, Sandra Menzel, Cristiana Shaw, Bill Steer, Jeff Walker, Ken Owen, Kristin Hock, Iantha Rimper, Danielle Ackley, Greg Allen, Tim & Caroline Parker, Steve & Megan Bair.

Vielen Dank für die zur Verfügung gestellten Abbildungen

Abbildungen auf den Seiten 22, 23, 24, 25, 26, 27, 28, 29, 30, 31, 32, 35, 36, 37, 38, 42, 43, 48, 54, 55, 56, 57, 60, 62, 63, 65, 66, 67, 69, 91, 98, 99, 101, 102, 104, 122–123, 124, 125, 127 von Sandra Pond.

Historische Illustrationen in Kapitel 7, Reproduktionen mit freundlicher Genehmigung der Gesellschaft für Landeskunde und Denkmalpflege, Linz, Österreich.

Fotografien: Umschlag und Seiten 3, 6–7, 18–19 Biancardi/Shutterstock; Seite 2 Andy Cash/ Shutterstock; Seiten 39, 126, 144 David Cavagnaro; Seite 57 Halfpoint/Shutterstock; Seite 53 Aigars Rheinhold/Shutterstock; Seiten 11, 132–133 Sensenverein Österreich; Seiten 121, 129 Andrea Pribil.

Der Autor

Ian Miller wurde in Dubuque, Iowa, geboren. Er studierte Umweltwissenschaften mit Schwerpunkt Agrarökologie an der University of California, Santa Cruz. Er arbeitete zwei Jahre lang auf biodynamischen Höfen in Kärnten, Österreich, war Abteilungsleiter bei *Seed Savers Exchange* in Decorah, Iowa, und erhielt ein Zertifikat vom Sensenverein Österreich, das ihn dazu befugt, den Umgang mit der Sense zu lehren. Er betreibt heute ein kleines Gehöft in Iowa, gestaltet außerdem Natursteinmauern, veranstaltet Workshops, schreibt, übersetzt und macht Musik.